WTB Wissenschaftliche Taschenbücher

Reihe BIOLOGIE

HANS BERGNER
Tierernährung

HELMUT FRIEMEL / JOSEF BROCK
Grundlagen der Immunologie

HELLMUTH GÄBLER
Forstschutz

HEINZ GEILER
Ökologie der Land- und Süßwassertiere

PAUL HOFFMANN
Photosynthese

EBERHARD HOFMANN
Eiweiße und Nucleinsäuren als biologische Makromoleküle
Dynamische Biochemie, Teil I

EBERHARD HOFMANN
Enzyme und energiebereitstellende Reaktionen des Stoffwechsels
Dynamische Biochemie, Teil II

EBERHARD HOFMANN
Der Stoffwechsel lebendiger Systeme und seine Regulation
Dynamische Biochemie, Teil III

EBERHARD HOFMANN
Biochemie der Vererbung, Differenzierung und anderer Zellfunktionen
Dynamische Biochemie, Teil IV

FRIEDRICH JACOB
Bewegungsphysiologie der Pflanzen

GERHARD LERCH
Pflanzenökologie

JOACHIM NITSCHMANN
Entwicklung bei Mensch und Tier

HANS-WERNER NOLTE
Pflanzenschutz in der Landwirtschaft

KLAUS ODENING
Parasitismus

ALFRED PALISSA
Bodenzoologie in Wissenschaft, Naturhaushalt und Wirtschaft

MARTIN SCHMIDT
Pflanzenschutz im Gartenbau

ULRICH SEDLAG
Biologische Schädlingsbekämpfung

DIETER SPAAR
HELMUT KLEINHEMPEL
HANS JOACHIM MÜLLER
KLAUS NEUMANN
Bakteriosen der Kulturpflanzen

LUDWIG SPANNHOF
Zellen und Gewebe der Tiere

GÜNTER TEMBROCK
Grundlagen des Tierverhaltens

GÜNTER TEMBROCK
Biokommunikation
Informationsübertragung im biologischen Bereich
Teil I und II

EBERHARD TEUSCHER
Pharmakognosie
Teil I und II

REGINE WITKOWSKI
FALKO H. HERRMANN
Einführung in die klinische Genetik

GERALD WOLF
Neurobiologie

Reihe CHEMIE

Hans-Martin Barchet
Chemie photographischer Prozesse

Ulrich Behrens
Manfred Ringpfeil
Mikrobielle Polysaccharide

Rolf Borsdorf / Manfred Scholz
Spektroskopische Methoden in der organischen Chemie

Hans Dawczynski
Temperaturbeständige Faserstoffe aus organischen Polymeren

Hans Dawczynski
Temperaturbeständige Faserstoffe aus anorganischen Polymeren

Werner Döpke
Stereochemie organischer Verbindungen

Martin Finke
Walter Leipnitz
Moderne Methoden der Erdölaralyse

Erich Gundermann
Chemie und Technologie des Braunkohlenteers

Werner Haberditzl
Magnetochemie

Siegfried Hauptmann
Über den Ablauf organisch-chemischer Reaktionen

Horst Kehlen / Frank Kuschel
Horst Sackmann
Grundlagen der chemischen Kinetik

Gerhard Kempter
Struktur und Synthese von Vitaminen

Peter Krumbiegel
Isotopieeffekte

Klaus Kühne
Werkstoff Glas

Dieter Merkel
Riechstoffe

Dieter Onken
Steroide

Burkart Philipp
Gerhard Reinisch
Grundlagen der makromolekularen Chemie

Joachim Riemer
Quantitative organische Mikroanalyse

Rolf Schöllner
Die Oxydation organischer Verbindungen mit Sauerstoff

Wolfgang Wagner
Chemische Thermodynamik

Günther Wagner
Hans Kühmstedt
Pharmazeutische Chemie

Reihe MATHEMATIK / PHYSIK

Hans Bandemer
Andreas Bellmann
Wolfhart Jung / Klaus Richter
Optimale Versuchsplanung

Frank Beichelt
Prophylaktische Erneuerung von Systemen

Dietrich Bender
Ernst-Egon Pippig
Einheiten, Maßsysteme, SI

Wolfram Brauer
Hans-Waldemar Streitwolf
Theoretische Grundlagen der Halbleiterphysik

SIEGFRIED BREHMER
Einführung in die Maßtheorie

FERDINAND CAP
Einführung in die Plasmaphysik
I. Theoretische Grundlagen
II. Wellen und Instabilitäten
III. Magnetohydrodynamik

JOHN CUNNINGHAM
Vektoren

GEORG DAUTCOURT
Relativistische Astrophysik

K. CH. DELOKAROV
Relativitätstheorie und Materialismus

WERNER DÜCK
Diskrete Optimierung

ALBERT EINSTEIN
Grundzüge der Relativitätstheorie

ALBERT EINSTEIN
Über die spezielle und die allgemeine Relativitätstheorie

HANNELORE FISCHER
JOACHIM PIEHLER
Modellsysteme der Operationsforschung

ALFRED FRIESER
Mikrowellenmeßtechnik

W. L. GINSBURG
Über Physik und Astrophysik

HERBERT GOERING
Elementare Methoden zur Lösung von Differentialgleichungsproblemen

HERBERT GOERING
Asymptotische Methoden zur Lösung von Differentialgleichungen

MICHAEL GÖSSEL
Angewandte Automatentheorie
Band I und II

MICHAEL GÖSSEL
Wahrscheinlichkeitsautomaten und Zufallsfolgen

E. G. GOLSTEIN
Konvexe Optimierung

HELMUT HESS
Der elektrische Durchschlag in Gasen

WILHELM KÄMMERER
Kybernetik – eine Einführung auf naturwissenschaftlicher Grundlage

V. I. KARPMAN
Nichtlineare Wellen in dispersiven Medien

ULRICH KAUSMANN
KLAUS LOMMATZSCH
FRANTIŠEK NOŽIČKA
Lineare parametrische Optimierung

VOLKER KEMPE
Theorie stochastischer Systeme

VOLKER KEMPE
Analyse stochastischer Systeme
Teil I

A. R. KESSEL
Akustische Kernresonanz

HEINRICH KINDLER
Der Regelkreis

DIETER KLAUA
Elementare Axiome der Mengenlehre
Einführung in die Allgemeine Mengenlehre I

DIETER KLAUA
Grundbegriffe der axiomatischen Mengenlehre
Teil 1 und 2
Einführung in die Allgemeine Mengenlehre II

DIETER KLAUA
Kardinal- und Ordinalzahlen
Teil 1 und 2
Einführung in die Allgemeine Mengenlehre III

DIETER KÖNIG / DIETRICH STOYAN
Methoden der Bedienungstheorie

KONRAD KREHER
Festkörperphysik

DIETER KRESS
Theoretische Grundlagen der Signal- und Informationsübertragung

JEAN KUNTZMANN
Unendliche Reihen

JEAN KUNTZMANN
Systeme von Differentialgleichungen

JEAN KUNTZMANN
Komplexe Veränderliche

DIERCK-EKKEHARD LIEBSCHER
Relativitätstheorie mit Zirkel und Lineal

WOLFGANG MEILING
Kernphysikalische Elektronik

PETER PAUFLER / DIETER LEUSCHNER
Kristallographische Grundbegriffe der Festkörperphysik

HARRY PAUL
Lasertheorie
Teil I und II

HARRY PAUL
Nichtlineare Optik
Teil I und II

WOLFGANG PAULI
Vierpoltheorie und ihre Anwendung auf elektronische Schaltungen

HARRY PFEIFER
Theorie linearer Bauelemente
Elektronik für den Physiker I

HARRY PFEIFER
Die Elektronenröhre
Elektronik für den Physiker II

HARRY PFEIFER
Schaltungen mit Elektronenröhren
Elektronik für den Physiker III

HARRY PFEIFER
Leitungen und Antennen
Elektronik für den Physiker IV

HARRY PFEIFER
Mikrowellenelektronik
Elektronik für den Physiker V

HARRY PFEIFER
Halbleiterelektronik
Elektronik für den Physiker VI

HARRY PFEIFER / W. HEINK
Schaltungen mit Transistoren
Elektronik für den Physiker VII

ULRICH RÖSEBERG
Determinismus und Physik

J. A. ROSANOW
Wahrscheinlichkeitstheorie

WOLFGANG SCHÄFER
Theoretische Grundlagen der Stabilität technischer Systeme

ERNST SCHMUTZER
Symmetrien und Erhaltungssätze der Physik

I. S. SHELUDEW
Elektrische Kristalle

N. D. SHEWANDROW
Die Polarisation des Lichtes

L. A. SKORNJAKOW
Elemente der Verbandstheorie

A. A. SMIRNOW
Metallphysik

A. S. SONIN / B. A. STRUKOW
Einführung in die Ferroelektrizität

HANS-JÜRGEN TREDER
Elementare Kosmologie

J. F. VINSON
Optische Kohärenz in der klassischen Theorie und in der Quantentheorie

TEXTE UND STUDIEN

D. M. Brink
Kernkräfte

Stephen G. Brush
Kinetische Theorie
Teil I und II

Festkörperphysik
Entwicklungstendenzen und
Anwendungsmöglichkeiten

D. ter Haar
Quantentheorie

W. R. Hindmarsh
Atomspektren

J. H. Sanders
Die Lichtgeschwindigkeit

Die Schöpfer der physikalischen Optik
Eine Artikelsammlung

Gustav E. R. Schulze
Beiträge zur Entwicklung der Metallphysik

R. A. R. Tricker
Die Beiträge von Faraday und Maxwell zur Elektrodynamik

R. A. R. Tricker
Frühe Elektrodynamik

Vorschau auf die nächsten Bände:

Joachim Auth / Dietmar Genzow
Klaus H. Herrmann
Photoleitung

Gerhard Geiseler / Heinz Seidel
Die Wasserstoffbrückenbindung

W. S. Letochow
Laserspektroskopie

Hans Luppa
Grundlagen der Histochemie
Teil I und II

Horst Remane / Rainer Herzschuh
Massenspektrometrie in der organischen Chemie

Adolf Zschunke
Kernmagnetische Resonanzspektroskopie in der organischen Chemie

WTB

BAND 203

E. M. Sawizki

Perspektiven der Metallforschung

Mit 27 Abbildungen und 5 Tabellen

AKADEMIE-VERLAG · BERLIN

Reihe MATHEMATIK UND PHYSIK

Herausgeber:
Prof. Dr. phil. habil. W. Holzmüller, Leipzig
Prof. Dr. phil. habil. A. Lösche, Leipzig
Prof. Dr. phil. habil. H. Reichardt, Berlin
Prof. Dr. phil. habil. K. Schröder, Berlin
Prof. Dr. phil. habil. K. Schröter, Berlin
Prof. Dr. rer. nat. habil. H.-J. Treder, Potsdam

Übersetzung aus dem Russischen:
Dipl.-Phys. Dieter Jehnichen, Dresden
Dipl.-Phys. Ulla Querin, Dresden
Dipl.-Phys. Christel Reinhold, Dresden

Bearbeitung der deutschen Ausgabe:
Doz. Dr. sc. nat. Peter Paufler
Technische Universität Dresden

Autorisierte Übersetzung

Titel der Originalausgabe:
Е. М. САВИЦКИЙ
Перспективы развития металловедения
Verlag NAUKA, Moskau 1972

1977
Erschienen im Akademie-Verlag, 108 Berlin, Leipziger Str. 3—4

Lizenznummer: 202 · 100/448/77
Gesamtherstellung: VEB Druckhaus „Maxim Gorki", 74 Altenburg
Bestellnummer: 762 252 8 (7203) · LSV 1104
Printed in GDR
DDR 8,— M

Vorwort des Autors zur deutschen Ausgabe

Seit dem Erscheinen dieser Monographie in russischer Sprache sind etwa vier Jahre vergangen. Während dieser Zeit haben die betrachteten Fragen noch mehr an Aktualität gewonnen. Der Bedarf an Werkstoffen, namentlich an Metallen und Legierungen, ist insbesondere für Arbeiten unter extremen Bedingungen weiter angestiegen. Ungeachtet der wirtschaftlichen Rezession, von der in den letzten Jahren einige industriell entwickelte Länder betroffen wurden, hat der wissenschaftlich-technische Fortschritt seine intensive Vorwärtsentwicklung fortsetzen können. Dabei sind drängende soziale, ökonomische und ökologische Probleme globalen Ausmaßes an die vorderste Stelle gerückt: die Energiekrise, die Notwendigkeit sparsamen Verbrauchs von Rohstoffen und der Schutz des Lebensraumes auf der Erde. Alles das hatte und hat weiterhin Wirkung auf die Anforderungen an Werkstoffe. Die erhöhte Aufmerksamkeit, die dem Bau von Energiegewinnungs- und Energieumwandlungsanlagen gewidmet wird, hat Bedarf an solchen Werkstoffen ausgelöst, die gegen Belastung mit Teilchen- und Quantenstrahlung außergewöhnlich hoher Energien, gegen hohe Temperaturen und Spannungen, gegen tiefe Temperaturen und gegen aggressive chemische Umgebung beständig sind. Die betreffenden Stoffe sollen außerdem unter gleichmäßigen Bedingungen verfügbar und billig sein. Das trifft in erster Linie auf metallische Werkstoffe folgender Einsatzgebiete zu: thermonukleare Reaktoren; Hochtemperatur-Kernreaktoren; supraleitende Elektro-, Transport- und Magnet-Anlagen; Sonnenbatterien und thermoelektronische Wandler von Wärmein Elektro-Energie; chemische Stromquellen; Dampf-, Gas- und Wasser-Kessel; Turbinen; Konstruktionswerkstoffe (insbesondere auch Verbundwerkstoffe für die Behälter kosmischer Apparate); Raketen; Flugzeuge; Autos; Eisenbahnen und Wassertransportfahrzeuge (einschließlich unter Wasser); Erdöl- und Erdgasleitungen für hohe Drücke; elektrotechnische Werkstoffe für die unübersehbare Vielfalt elektronischer Geräte und deren Einzelteile; aber auch Werkstoffe für die Lebensmittelindustrie.

Dieser Komplex von Forderungen (manchmal sogar sich gegenseitig ausschließender) an die metallischen Werkstoffe stellt die Theorie der Metalle und Legierungen vor eine Reihe schwerlösbarer Probleme. Leider ist hier ein Fortbestehen des Nachlaufes grundlegender theoretischer Ansätze festzustellen.

Die weitere Erschöpfung der natürlichen (insbesondere der mineralischen und metallischen) Rohstoffquellen und die lebenswichtige Aufgabe des Umweltschutzes haben auch unerbittlich Forderungen an die chemische Technologie, die Metallurgie, die Metallbearbeitung, die Metallkunde und die Metallphysik gestellt. Angesichts des erheblichen und ständig zunehmenden Verbrauchs metallischer Werkstoffe und der fortschreitenden Erschöpfung ihrer Vorräte in der Erdkruste ist der Menschheit die Lebensnotwendigkeit einer schnellen Beendigung der gedankenlosen und manchmal auch rücksichtslosen Abbau-, Gewinnungs-, Bearbeitungs- und Verwendungsmethoden von Metallen in vollem Umfang deutlich geworden. Gegenwärtig besteht schon an allen Metallen Mangel. Ein Zeichen unserer Zeit wurde die Aufbereitung von Erzen geringen Gehaltes, die komplexe Aufbereitung von Erzen und Konzentraten mit bedingungsloser Extraktion aller Komponenten, die Reinigung verschmutzten Wassers und verunreinigter Luft sowie deren Rückführung in den Produktionskreislauf. Hierfür ist die spezielle Bezeichnung „abproduktfreie Technologie“ geprägt worden. Bei der Konzeption von Legierungen werden sogenannte „natürlich legierte Stähle und Legierungen" immer weitere Verbreitung finden, deren Zusammensetzung durch das Verhältnis der Komponenten in den Erzen, Mineralen und Konzentraten bestimmt ist. Für die Herstellung neuer Werkstoffe werden auch in erheblichem Maße Komponenten der Luft, vor allem Stickstoff, und Metalle des Ozeans und später auch Magmen der Erde, der Asteroiden und des Mondes verwendet werden.

In der Bilanz der Metalle werden Sekundärrohstoffe eine immer größere und später sogar dominierende Rolle spielen. Es wird dann das Gesetz gelten, daß jedes Kilogramm der Erde entnommenes beliebiges Metall erfaßt, im Kreislauf der Metalle regeneriert und sparsam angewandt werden muß. Bisher erfolgt eine solche Buchführung nur für Edelmetalle. Bei dieser Gelegenheit wird das Problem des Schutzes der Umwelt vor schädlichen Abprodukten der Zivilisation einer radikalen Lösung zugeführt werden.

Begreiflicherweise kann die Lösung der globalen Energie-, Rohstoff- und Ökologie-Probleme nur durch koordinierte effektive internationale Zusammenarbeit erfolgen.

Der Austausch gewonnener wissenschaftlicher Informationen und schöpferischer Ideen, die in Monographien ihren Niederschlag finden, fördert die wissenschaftliche Zusammenarbeit, und die gegenseitige Übersetzung von Büchern hilft, die Sprachbarriere wirksam zu überwinden.

Ich danke dem Akademie-Verlag Berlin für die Herausgabe meines Buches in deutscher Sprache und werte das als Zeichen der Freundschaft gegenüber der sowjetischen Metallforschung und mir persönlich. Mein aufrichtiger Dank gilt Herrn Dr. P. Paufler und seinen Kollegen für die Mühe der Übertragung meines Buches ins Deutsche.

Moskau, September 1976 E. M. SAWIZKI

Vorwort des Herausgebers

Auch in Zukunft werden metallische Werkstoffe vor allem dank ihrer Fähigkeit zur Legierungsbildung gleichermaßen technisch wie wissenschaftlich attraktiv bleiben. Beides belegt der bekannte Metallforscher Professor Dr. E. M. Sawizki, korrespondierendes Mitglied der Akademie der Wissenschaften der UdSSR und Direktor des Baikow-Institutes für Metallurgie der Akademie der Wissenschaften (Moskau), mit einer eindrucksvollen Sammlung von Beispielen extremer Eigenschaften und mit Angaben zu Entwicklungstendenzen dieser Werkstoffklasse. Dabei berührt er ein weites Spektrum von Substanzen, Eigenschaften und Anwendungsgebieten, überwiegend gestützt auf eigene in jahrzehntelanger Arbeit gewonnene Erfahrungen.

Durch die allgemeinverständliche Darstellung kann das vorliegende Buch einen breiten Leserkreis mit den Ursachen metallischen Verhaltens vertraut machen. Es enthält darüber hinaus auch für den auf diesem Gebiete tätigen Werkstoffwissenschaftler, Chemiker und Physiker eine Fülle von Anregungen und sehr nützlichen quantitativen Angaben.

Die Übersetzung wurde von Herrn Dipl.-Phys. D. Jehnichen (Kap. 1, 5, 8, 10, 11), Frau Dipl.-Phys. U. Querin (Kap. 6, 7, 9) und Frau Dipl.-Phys. Chr. Reinhold (Kap. 2—4) vorgenommen. Der Herausgeber ist Herrn Professor Sawizki für die freundliche Unterstützung der Arbeit und dem Akademie-Verlag Berlin für sein Entgegenkommen zu Dank verpflichtet.

P. Paufler

Inhaltsverzeichnis

1. Gegenstand und Methode der Metallkunde.[1] Bedeutung der Metalle

Es ist kein leichtes Unterfangen, vom wissenschaftlichen Standpunkt die Entwicklung der Metallforschung in den nächsten 15–20 Jahren mit genügend großer Wahrscheinlichkeit vorauszusagen, insbesondere, wenn man berücksichtigt, daß in der Periode der wissenschaftlich-technischen Revolution ständig neue und höhere Anforderungen an die Materialien gestellt werden. Dabei vollzieht sich sehr schnell eine „Umbewertung der Werte“: Das, was früher als wesentlich galt, wird zweitrangig, und umgekehrt rücken die ehemals zweitrangigen Materialien wegen der veränderten wissenschaftlich-technischen Situation „plötzlich“ an die erste Stelle. Das Material bestimmt die optimalen Möglichkeiten bezüglich aller großen und wichtigen neuen physikalischen und technischen Bearbeitungsmethoden. Dank der bedeutenden Erfolge der letzten Jahrzehnte auf den Gebieten der Physik, Chemie, Metallurgie, Metallkunde und Technologie konnten Materialien mit besonderen Eigenschaften für die Errichtung neuer Zweige und für einen umfassenden Aufschwung der Technik und der gesamten Volkswirtschaft hergestellt und angewandt werden [1].

Durch die Entwicklung von Wissenschaft und Technik wird der Inhalt der Metallforschung selbst umfangreicher, und die Zahl ihrer Untersuchungsobjekte und -methoden erweitert sich. In immer stärkerem Maße werden Erkenntnisse der Wissenschaften wie der Physik und der

---

[1]) Der Autor verwendet im Original einen Ausdruck, dessen wörtliche Übertragung „Metallkunde“ dem umfassenden Begriffsinhalt im Russischen in vielen Fällen nicht Rechnung trägt (vgl. auch Fußnote [2]) auf S. 10). (Anm. d. Herausg.)

Chemie praktisch angewandt.[1]) Das trifft insbesondere auch auf Quanteneffekte zu. Laufend entstehen neue Zweige der Metallforschung, die sich mit spaltbaren Materialien [2], Einkristallen schwerschmelzbarer Metalle [3], Supraleitern [4], einer Reihe neuer Seltenerdmetalle [5—9] und Edelmetallen [10, 11] beschäftigen.

Inzwischen ist es durchaus realistisch und ernsthafter Unterstützung wert, für jedes der 80 Metalle des Periodensystems (ähnlich der schon früher für das technisch wichtige Eisen, Kupfer, Nickel und Aluminium entstandenen [12—16]) eine eigene Metallkunde zu entwickeln. Die heutige Metallkunde ist nicht nur Metallographie. Die moderne Metallkunde ist nach unserer Ansicht eine Wissenschaft von der Wechselbeziehung elektronischer Struktur und Kristallstruktur der Metalle und Legierungen mit ihrer Zusammensetzung, ihren physikalischen, chemischen und technologischen Eigenschaften und ihren Gebrauchseigenschaften unter verschiedenen thermodynamischen und kinetischen Bedingungen.[2]) Die Physiko-Chemiker und Metallkundler stützen sich in ihren Untersuchungen auf die Grundlagen der modernen Wissenschaft: Angaben über den Aufbau der Stoffe, die Quantenphysik, das Periodensystem von D. I. Mendelejew, die Thermodynamik, die physikalische Chemie und die Festkörperphysik.

[1]) Man darf nicht übersehen, daß mit dieser „expansiven" Tendenz auch die Gefahr wächst, daß die Wissenschaftler und Ingenieure der verschiedenen Zweige der Metallforschung immer mehr die Fähigkeit gegenseitigen Verständnisses verlieren.

[2]) In einigen Ländern wird statt des Terminus „Metallkunde" der Begriff „physikalische Metallurgie" verwendet, was die Notwendigkeit des physikalischen Herangehens an die Untersuchung metallurgischer Objekte und Prozesse unterstreicht. In den letzten Jahren entstand bei uns der Begriff „Physiko-Chemie der Metalle", der die theoretischen Grundlagen der Metallkunde hervorhebt. Außerdem findet man in der inländischen Literatur den Ausdruck „physikalisch-chemische Analyse der metallischen Systeme", der die Zugehörigkeit der angegebenen Untersuchungsrichtung zur wissenschaftlichen Schule von N. S. Kurnakow zum Ausdruck bringt, für die bekanntlich die Untersuchung der physikalischen Eigenschaften in Abhängigkeit von der Änderung der Zusammensetzung der physikalischen Systeme im Vordergrund steht [19—21].

Untersuchungsgegenstand der „Metallkunde“, der „Physiko-Chemie der Metalle“ oder der „physikalischen Metallurgie“ sind die Metalle und ihre Legierungen, dazu gehören auch Mischkristalle, Eutektika und intermetallische Verbindungen. Das Hauptziel dieser Wissenschaft ist unserer Meinung nach die Entwicklung einer Theorie und das Auffinden experimenteller Gesetzmäßigkeiten, die letztlich metallische Legierungen mit gewünschten Eigenschaften und ihre Herstellungsmethoden unter allen Arbeitsbedingungen und für beliebige Parameter quantitativ zu berechnen erlauben müssen. Bisher wurden in dieser Richtung schon einige Erfolge erzielt [22].

Was die Untersuchungsmethoden der Metalle und Legierungen anbelangt, so kann und muß die Metallforschung alle diejenigen theoretischen und experimentellen Methoden verwenden, die die Aufgaben dieser Wissenschaft bei der Entwicklung neuer metallischer Materialien und ihrer richtigen Anwendung lösen helfen. Als Untersuchungsmethoden im Bereich der Metallforschung können und müssen beliebige theoretische und experimentelle Verfahren eingesetzt werden, die zur Lösung der Aufgabe dieser Wissenschaft beitragen, neue metallische Werkstoffe zu entwickeln und sie richtig einzusetzen. Bekanntlich existiert in der Metallforschung ein wichtiger technischer Zweig, der sich mit Problemen der Bedienung und Kontrolle in der Metallurgie und im Maschinenbau beschäftigt. Die von Parteitagen sowohl der KPdSU wie der SED beschlossene Hauptaufgabe besteht in einer bedeutenden Erhöhung des materiellen und kulturellen Lebensniveaus des Volkes. Deshalb muß die technische Metallkunde der Entwicklung solcher billiger und qualitativ hochwertiger metallischer Werkstoffe mehr Aufmerksamkeit schenken, die für die Erzeugnisse des Bevölkerungsbedarfes, des täglichen Bedarfs, des Bauwesens und des Transportwesens benötigt werden. Der „theoretische“ und der „technische“ Zweig der Metallforschung ergänzen sich schöpferisch und durchdringen sich gegenseitig.

Ihre Vereinigung schafft einen wissenschaftlich-technischen Wissenskomplex, der durch den Terminus „Metallforschung" bestimmt wird. Als Folge der einschneidenden Forderungen insbesondere der neuesten Technik an die Metalle und Legierungen ist eine stürmische Entwicklung der Metallforschung zu verzeichnen.

Es gibt eine Reihe unbestrittener Tatsachen in den Entwicklungstendenzen der Wissenschaft und der technischen Nutzung metallischer Werkstoffe, die die Prognose einiger grundlegender Entwicklungsrichtungen der Metallforschung in den nächsten Jahrzehnten als realistisch einzuschätzen gestatten. Diese Tendenzen erfahren zweifellos in den verbleibenden Jahren des 20. Jahrhunderts und wahrscheinlich im nächsten Jahrtausend weitere Entwicklung. Die Voraussage wissenschaftlicher Entdeckungen ist natürlich nicht möglich. Aber die Richtung der Forschung kann ausreichend begründet werden, um so mehr, als sich die „Wachstumsstellen" der Metallkunde im Rahmen einer modernen Wissenschaft von den Metallen bilden.

Wenden wir uns nun den Hauptproblemen der Metallforschung zu. W. I. LENIN zählte das Metall zu den Fundamenten der Zivilisation. Der Einsatz des Metalls bestimmt in bedeutendem Maße das Lebensniveau und das Tempo der Vorwärtsentwicklung jedes Landes und jedes einzelnen von uns. Das Metallzeitalter dauert bereits 9000 Jahre (es begann mit der Anwendung von gediegenem Kupfer). Durch die Arbeit von Hunderten von Generationen sind einige Dutzend Metalle und einige Tausend ihrer Legierungen und Verbindungen entdeckt und aufbereitet worden. Infolge des einmaligen Komplexes mechanischer, elektrophysikalischer, technologischer Eigenschaften und Gebrauchseigenschaften haben die metallischen Werkstoffe eine Schlüsselposition in der Volkswirtschaft und in der modernen Technik erhalten. Nach Angaben der UNO konnten bisher alle anderen anorganischen Werkstoffe zusammengenommen nur sechs Prozent der metallischen Werkstoffe ersetzen, und dieser

Anteil zeigt vorläufig keine Tendenz einer wesentlichen Steigerung[1]) [23]. Obwohl sich der von den Metallen geforderte Komplex an mechanischen, elektrophysikalischen, technologischen und Gebrauchseigenschaften erweitert, zeigt die erfolgreiche Entwicklung der Volkswirtschaft und neuer Zweige der Technik in der Sowjetunion, daß Metallerzeugung, Metallforschung und Industrie mit diesen Erfordernissen Schritt halten.

Am Ende der vierziger Jahre, in den fünfziger und in den sechziger Jahren unseres Jahrhunderts wurden infolge der stürmischen Entwicklung neuer Zweige der Technik (Atomtechnik, Düsenflugzeugbau, Elektronik und Weltraumtechnik) fast alle Elemente des Periodensystems, in erster Linie seltene und schwerschmelzbare Metalle und Legierungen, in den Kreislauf der industriell genutzten Materialien einbezogen.

Neue Metalle und Legierungen, neue Herstellungsverfahren und Untersuchungsmethoden, neue umfangreiche experimentelle Ergebnisse und Anwendungsbereiche — all das erweiterte den Horizont der modernen Metallkunde, der Metallphysik und der physikalischen Chemie der Metalle im Vergleich zu dem Wissensstand des 19. und am Anfang des 20. Jahrhunderts bedeutend. In den Nachkriegsjahren wurde eine Vielzahl von Metallen der Untersuchung zugänglich, darunter alle hochschmelzenden Übergangsmetalle wie Titan, Zirkon, Hafnium, Vanadium, Niob, Tantal, Rhenium, reines Eisen, Mangan, Chrom, Molybdän, Wolfram, die hochschmelzenden Metalle der Platingruppe (Osmium, Ruthenium, Iridium u. a.); Lithium, Beryllium; die Halbleiter Germanium, Silizium, Bor, reinster Kohlenstoff sowie die radioaktiven Metalle Uran, Thorium und Plutonium.

Immerhin werden Seltenerdmetalle der Zeruntergruppe — Lathan, Zer, Neodym, Praseodym —, die Metalle der Yttriumuntergruppe und auch Skandium und Yttrium in großen Mengen hergestellt. Heutzutage stellen sie

[1]) Nach prognostischen Voraussagen soll sich die Metallproduktion bis zum Jahre 2000 verdoppeln.

schon keine Seltenheiten des Labors mehr dar, sondern werden industriemäßig genutzt für Legierungszusätze und als Legierungsbasen.

In den fünfziger und sechziger Jahren dieses Jahrhunderts wurde von den Werktätigen in Wissenschaft und Produktion ein neuer Komplex von Verfahren chemischer Darstellung reiner Stoffe und der Vakuummetallurgie geschaffen, dem die Ionenaustauschchromatographie, die Jodidmethode, die Elektrolyse, die Destillation, das Vakuum- oder Argonlichtbogenschmelzen, das Vakuumzonenreinigen mit verschiedenen Wärmequellen, die Bearbeitung mittels Druck und Schweißen im Vakuum oder in einer Edelgasatmosphäre, das Vakuumglühen, die Anwendung von Gettermaterialien, Schutz- und Deckschichten usw. angehören.

Auch der Temperaturbereich metallkundlicher Untersuchungen selbst erweiterte sich. Es entstanden die Vakuummetallographie, die Vakuumdilatometrie und die Bestimmung elektrophysikalischer Eigenschaften im Vakuum, die Hochtemperaturthermoanalyse, die Neutronographie, die Elektronen-, Ionen- und Protonenmikroskopie mit hunderttausend- bis millionenfacher Vergrößerung. Genauso entwickeln sich die Untersuchungen zur Struktur und zu besonderen Eigenschaften von Metallen und Legierungen nahe des absoluten Nullpunkts (in flüssigem Helium bei 4,2 K) immer weiter, hauptsächlich in Verbindung mit der stürmischen Entwicklung der Metallphysik, der Physikalischen Chemie und der Metallkunde supraleitender Materialien der letzten Jahre [4].

Es ist ein wichtiges Anliegen, diese neue vielgestaltige „Metallwirtschaft“ zu durchschauen, die bemüht ist, experimentelle Informationen über Struktur, physikalische und chemische Eigenschaften sowie deren Wechselwirkungen für Tausende neuer Legierungen zu verallgemeinern, allgemeine Gesetzmäßigkeiten aufzufinden und Empfehlungen bezüglich der Herstellung metallischer Werkstoffe mit vorgegebener optimaler Eigenschaftskombination zu geben. Dabei sind Struktur sowie mechanische, elektrophysikalische und technologische Eigenschaften und Gebrauchseigenschaften in gewünschter Weise miteinander zu vereinbaren.

Kurz gesagt ist es notwendig, die Metallkunde der „alten“ metallischen Werkstoffe intensiv zu entwickeln und eine Metallkunde der „neuen“ metallischen Werkstoffe zu schaffen. Ein bedeutender Teil dieser Arbeit wurde schon geleistet [1—21]. Ungeachtet dessen, daß diese Aufgaben der Metallforschung in Hunderten von Instituten, Hochschulen, Universitäten und Betriebslaboratorien der Sowjetunion und anderer industriell entwickelter Länder schon in Angriff genommen werden, sind wegen der besonderen Bedeutung und des großen Umfanges der wissenschaftlichen Forschungsarbeiten noch viele schöpferische und wissenschaftlich-organisatorische Anstrengungen erforderlich, um sie in den nächsten Jahren zum Abschluß zu bringen.

2. Entdeckung neuer Eigenschaften der metallischen Werkstoffe

Im Grunde kennen wir (Metallurgen, Metallkundler, Technologen und Konstrukteure) leider die Metalle schlecht, die gegenwärtig aus den oberen Schichten der Erdkruste gewonnen und zu technischen Zwecken verarbeitet werden, und nutzen sie auch ungenügend. Alle von der Nachkriegsphysik, -chemie und -metallkunde gesammelte Erfahrung zeigte nämlich inzwischen, daß für die Entwicklung metallischer Werkstoffe deren Reinheit und die Vollkommenheit ihres Baus eine lebenswichtige Bedeutung besitzen.

Die Vorstellungen von einem reinen und vollkommenen Metall bleiben keinesfalls unveränderlich. Sie ändern sich mit fortschreitender Kenntnis des Stoffes, mit dem Auftreten neuer Ideen, mit neuen technologischen Prozessen und Untersuchungsmethoden. Jetzt weiß man, daß ein reines, vollkommenes Metall eine idealisierte Vorstellung wie das Unendliche in der Mathematik ist. Sogar ein „reinstes" Metall ist ein „lebendiges" physikalisch-chemisches System, das aus Kristallen des Grundmetalls, Beimengungen, Korngrenzen, Blöcken und unterschiedlichen Arten von Defekten (Poren, Leerstellen, Versetzungen) besteht. Die Gesamtheit dieser strukturellen Komponenten und die Anisotropie der Kristalle, der Verunreinigungen und Defekte bestimmen zugleich mit der Natur des Metalls und des umgebenden Mediums in entscheidendem Maße seine physikalischen, mechanischen und technologischen Eigenschaften sowie die Gebrauchseigenschaften [22].

Bisher ist die Herstellung eines reinen Metalls, das heißt einer Anordnung von Atomen nur einer Sorte, noch nicht gelungen, wenn man von Versuchen der künstlichen Synthese bestimmter Isotope einiger Transurane absieht, obwohl in dieser Richtung große Erfolge zu verzeichnen sind. Ein reines „ideales" Metall, wenn es geschaffen sein sollte, scheint ein sehr „schutzloser" Stoff zu sein, denn verschiedene chemisch aktive Verunreinigungen (besonders interstitielle) und Defekte greifen es unablässig an und treten ständig mit ihm in Wechselwirkung und zerstören dabei seine Reinheit und Eigenschaften.

Das reine Metall hat nicht nur die Funktion eines Struktur- und Eigenschafts-Standards, sondern ist auch der Ausgangspunkt für die Entwicklung technischer Werkstoffe. Durch bestimmte Zusätze anderer Stoffe können seine Eigenschaften in geforderter Richtung verändert werden. Die vorhandenen Untersuchungsmethoden der Festkörperstruktur (galvano-magnetische, Resonanz-, spektroskopische, ionenmikroskopische, elektronenoptische, röntgenografische, metallografische, metallphysikalische und andere) führen zu folgendem Bild des Metallaufbaus vom atomaren, vom kristallchemischen, vom mikro- und vom makroskopischen Standpunkt (Abb. 1 bis 3).

Metalle, Legierungen und intermetallische Verbindungen gehören bekanntlich zur Klasse der kristallinen Stoffe.

Die Kenntnis der Kristallstruktur ist häufig Ausgangspunkt für das richtige Verständnis des Bindungstyps, der Phasenumwandlungen sowie der physikalischen und chemischen Eigenschaften. In polykristallinen Proben sind die Kristalle dicht gepackt. Die Polygonform der einzelnen Körner resultiert aus den Forderungen nach vollständiger Raumerfüllung topologischer Begrenzung und nach Gleichgewicht der Grenzflächenspannungen. Wegen der Forderung nach Gleichheit der Oberflächenenergien muß der Randwinkel der Korngrenzen annähernd 120° betragen (siehe Abb. 1a). Die Kristalle sind gewöhnlich von einem geschlossenen Netz von Subkorngrenzen mit verhältnismäßig kleinen Volumina durchzogen, die Orientierungsunterschiede von einigen Grad aufweisen.

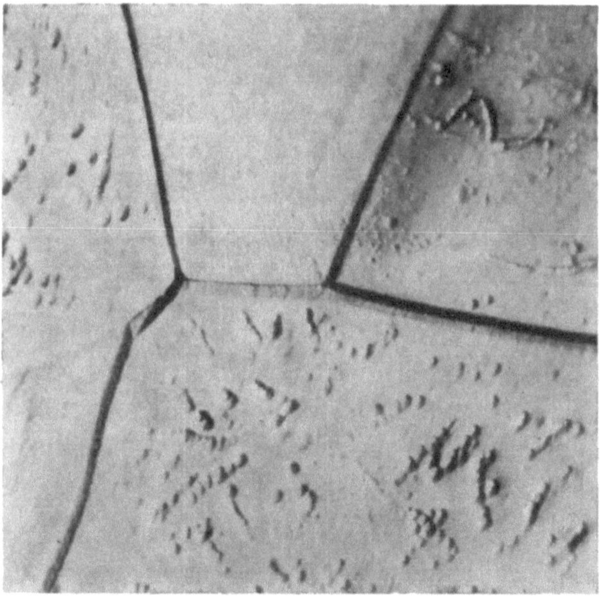

Abb. 1. a) Technisch reines Wolfram
(Mikrostruktur im reflektierten Licht, 1000fache Vergrößerung)

Sie können mit Hilfsmitteln der Röntgentopografie gut sichtbar gemacht werden. An den Grenzen der Subkörner erfolgt gewöhnlich die Segregation interstitieller Verunreinigungen. Die Verunreinigungen in metallischen Kristallen sind anisotrop und inhomogen verteilt. Das zeigen mikroanalytische Methoden und die Höchstspannungselektronenmikroskopie. In der Regel treten Verunreinigungen mit den Baufehlern des Kristalls in Wechselwirkung, was von den Ätzgrübchen anschaulich demonstriert wird (siehe Abb. 1b).

Kristallbaufehler können auf atomarem Niveau mit dem Feldionenmikroskop beobachtet werden. Die Aufnahme in Abbildung 1c wurde in einem solchen Gerät mit Wolframeinkristall-Spitze bei schrittweisem Abdampfen der Atome vom zu beobachtenden Abschnitt

Abb. 1. b) Versetzungen im Wolfram, 2000fache Vergrößerung

der Nadelspitze gemacht. In modernen Elektronenmikroskopen können noch zwei Punkte getrennt abgebildet werden, die voneinander den einhundertmillionsten Teil eines Zentimeters entfernt sind (siehe Abb. 2 und 3). Mit Hilfe gewöhnlicher Elektronenmikroskopie

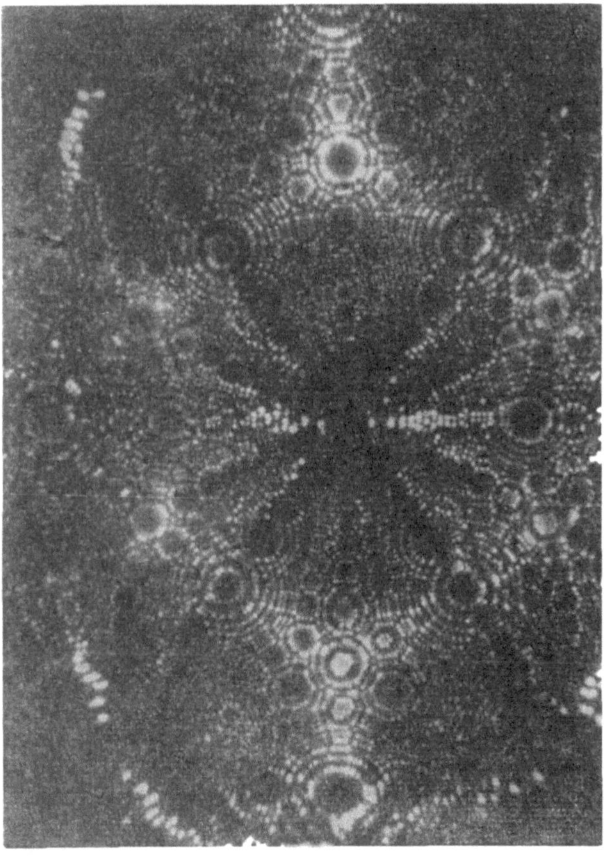

Abb. 1. c) Feldionenbild einer Wolframspitze (helle Flecke sind Wolframatome, Abbildung mit Heliumionen)

Abb. 2. Elektronenmikroskop mit 1 Million Volt Spannung der japanischen Firma Hitachi

von 50—100 kV ist es nicht möglich, eine gute Abbildung zu erhalten, wenn „die Dicke" des Untersuchungsobjektes den zehntausendsten Teil eines Millimeters überschreitet. Das Studium der „kristallinen Materie", das heißt der Metalle und ihrer Legierungen, erfordert jedoch Objektdicken von einigen Tausendsteln Millimetern und für organische Stoffe sogar von einigen Hundertsteln Millimetern. Diese lassen sich mit Hilfe von Elektronenströmen im Elektronenmikroskop bei Spannungen von mehr als 1 Million Volt untersuchen.

Solche gigantischen Mikroskope sind sehr teuer, aber sie werden in Japan, den USA, Frankreich und England bereits hergestellt. Die moderne Physikalische Chemie der Metalle geht davon aus, daß beliebige Eigenschaften metallischer Werkstoffe vollständig durch deren Natur, Struktur und Versuchs- bzw. Arbeitsbedingungen bestimmt werden.

Die moderne Wissenschaft versteht unter einem festen Metall die Gesamtheit der im Raumgitter angeordneten positiv geladenen Ionen, zwischen denen sich kollektivierte Leitungselektronen frei bewegen (Elektronengas oder Elektronenflüssigkeit).

Das Vorhandensein freier Elektronen (d. h. die metallische Bindung) bestimmt gerade auch die für die Metalle im festen Zustand typischen („metallischen") Eigenschaften: hohe Plastizität, metallischen Glanz, elektrische Leitfähigkeit, darunter auch Supraleitfähigkeit, positiver Temperaturkoeffizient des elektrischen Widerstandes, thermoelektronische und thermoelektrische Eigenschaften. Schon W. M. LOMONOSSOW sagte: „Als Metalle werden glänzende Körper bezeichnet, die sich schmieden lassen". Die gesamte folgende Entwicklung der Wissenschaft und Technik bestätigte diese geniale Voraussicht.[1]) Jetzt kann man nur hinzufügen: Ein Metall ist ein fester Körper, der eine FERMI-Fläche besitzt.[2])

Das wissenschaftlich fundierte Wissen gibt eine Antwort auf die Frage: Muß ein idealer Metall-Kristall ideal fest oder plastisch sein? Die Sache ist die, daß ein idealer Kristall nach der Versetzungstheorie ideal fest sein sollte (aber das hat noch niemand experimentell nach-

---

[1]) Folglich sind die Vorstellungen einiger Autoren von „naturspröden" Metallen (Wolfram, Molybdän, Chrom) prinzipiell falsch. Der Halbleiter Germanium wird in diesem Sinne auch zu unrecht zu den Metallen gerechnet.

[2]) Was eine „FERMI-Fläche" ist, wird später besprochen.

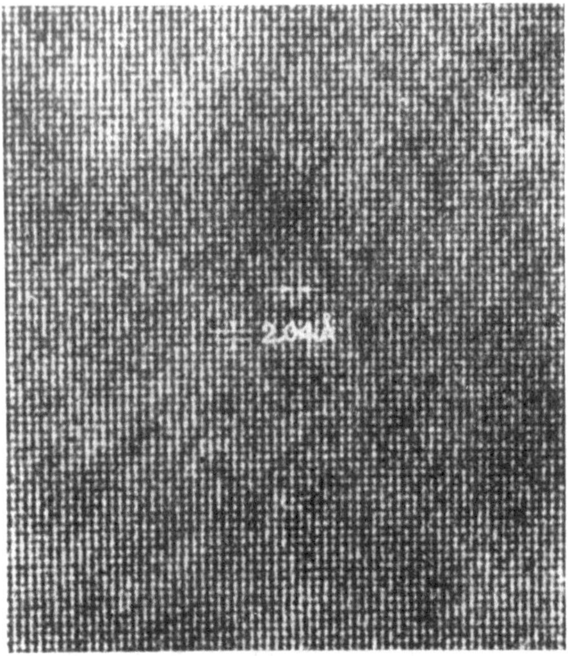

Abb. 3. Elektronenmikroskopische Aufnahmen von

a) Atomebenen eines Goldeinkristalls, Abstand der (200)-Ebenen $2{,}04 \cdot 10^{-10}$ m

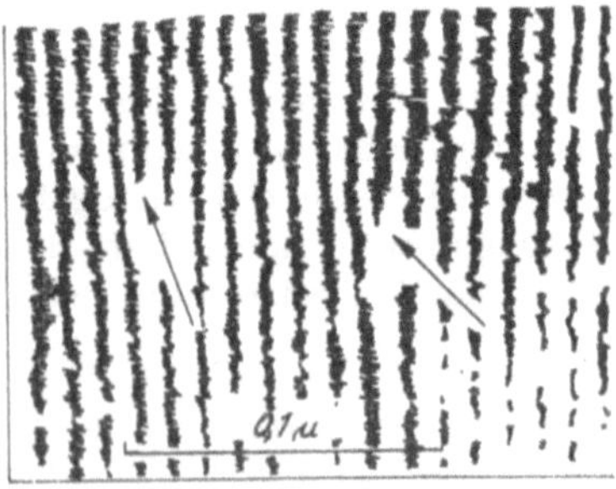

b) Versetzungen im Metall

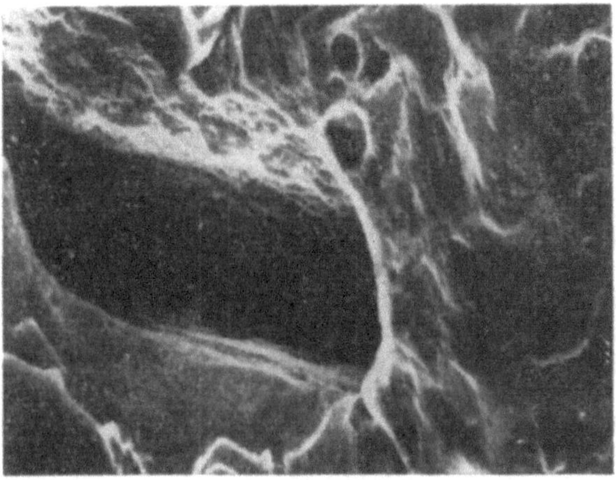

c) der Bruchfläche eines Molybdäneinkristalls

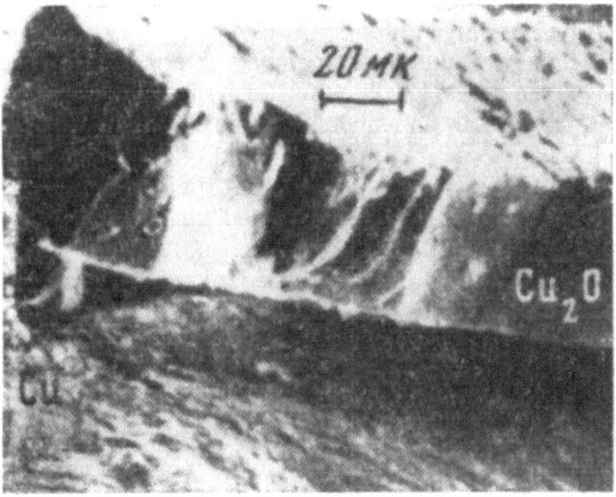

d) der Kupferoxydulschicht auf einem Kupferkristall

gewiesen), und andererseits überzeugt uns das alltägliche Leben in Tausenden von Beispielen davon, daß mit zunehmender Reinheit der Metalle ihre kritische Schubspannung ständig abnimmt und einige Dutzend Pond pro Quadratmillimeter erreicht.

Die Proben einiger sehr reiner Metalle biegen sich sogar unter ihrem Eigengewicht durch. Deshalb ist es für die Metallforschung von prinzipieller Bedeutung, einen reinsten, versetzungsfreien Metall-Kristall zu erhalten und dessen Eigenschaften zu untersuchen. Versetzungsfreie Halbleiter Silizium sind bereits verfügbar.

Offenbar verändern Verunreinigungen sogar schon in sehr kleinen Mengen die elektronische Struktur des Metalls, binden einen Teil der freien Elektronen und führen zur Entstehung anderer Bindungstypen neben dem metallischen. Das „verdirbt“ teilweise die metallischen Eigenschaften (Verminderung der elektrischen Leitfähigkeit, der Schmiedbarkeit usw.). Bei hohen Gehalten und einer Anlagerung als selbständige Phasen an Korngrenzen trennen die Verunreinigungen die metallischen Kristallite bereits mechanisch voneinander und verkleinern deren gegenseitige Bindung.

Viele früher gewonnenen Ergebnisse über Struktur und Eigenschaften der Metalle und Legierungen sind jetzt veraltet, weil sie an ungenügend reinen Metallen erhalten wurden.

Viele Metallforscher wissen sehr gut, daß Experimente mit zufällig „verschmutzten“ Proben nicht nur nutzlos sind, sondern sogar insofern Schaden stiften, als sie zu komplizierten und fehlerhaften Gedankengebäuden und entsprechend falschen praktischen Schlußfolgerungen Anlaß geben können.

Die Herstellung besonders reiner defektfreier Metalle befindet sich jedoch neben der Bestimmung ihrer Materialkenngrößen und neben der Abschätzung des Einflusses von Verunreinigungen und Legierungsbestandteilen infolge Überlastung durch Routineaufgaben noch nicht auf ausreichendem Niveau. Hier arbeiten wenig qualifizierte Spezialisten und Institutionen. Daneben sind der heutigen Generation von Metallforschern so verblüffende Beispiele bekannt wie das der Entdeckung der Kernspaltung (Kettenreaktion) des Urans, der Halbleitereigenschaften von Germanium (Transistoreffekt), der phänomenalen Plastizität zonengereinigter Einkristalle von Molybdän und anderen Metallen und der supraleitenden Eigenschaften bei einer Reihe Legierungen und Verbindungen, insbesondere von Niob und Vanadium.

Diese Entdeckungen riefen neue Industriezweige ins Leben (die Kernenergetik, die Produktion von Transistoren und geräuschlosen, ultrahochfrequenten elektronischen Geräten sowie von supraleitenden Magneten) und brachten einen bedeutenden technischen und wissenschaftlichen Nutzen, der sich bereits im Leben der heutigen Generation der Menschen niederschlägt und sich ohne Zweifel in hohem Maße auch der zukünftigen Generation zeigen wird. Eigentlich sagt man, die gesamte neue Technik baue auf neu entdeckten Werkstoffeigenschaften auf. Das Wichtigste dabei ist wahrscheinlich der Umstand, daß alle diese Eigenschaften und Effekte neue Fragestellungen in der Wissenschaft selbst ausgelöst haben (also in der Physik, Chemie, Metallkunde, Physiko-Chemie der Metalle und Metallphysik), die (das ist bereits Dialektik der Wissenschaft) nach einer Kettenreaktion in Zukunft eine neue Lawine von Entdeckungen und Erfindungen hervorrufen.

Die Suche nach neuen, bisher unbekannten Eigenschaften von Metallen und Legierungen und die Präzisierung „alter" Eigenschaften und Konstanten verdient volle Aufmerksamkeit. Hierzu gehört auch die Abschätzung der Eigenschaften neuer zu synthetisierender Transurane, deren Anzahl anscheinend sehr hoch sein kann und von denen einige nach Voraussagen der Physiker sogar stabil sein könnten (Elemente mit Ordnungszahl 110, 114, 126, 154)[1]) [24]. Außerdem wurden zu-

[1]) Mitteilungen über Nachweis von Kernen mit der Ordnungszahl nahe 112 befanden sich bei Manuskriptabschluß im Druck.

sätzlich zu den in der Natur bekannten 300 stabilen Isotopen in Kernreaktionen ungefähr 1500 Isotope gefunden, insgesamt könnte ihre Zahl ungefähr 5000 erreichen. Jetzt ist in einer Reihe von Fällen nicht nur ein reines Metall erforderlich, sondern ein bestimmtes Isotop (Isotopenreinheit).

Bekanntlich sind die Halbleitereigenschaften von Germanium nur in hochreinen Proben dieses Elements zu finden [25]. Reinstes Eisen hat völlig andere mechanische, elektrische und magnetische Eigenschaften als technisches. Deshalb werden die metallkundlichen Grundlagen für Eisen und Stahl besonders hoher Reinheit schon gelegt, was sich zweifellos in den verschiedenen Gebieten von Wissenschaft und Technik zeigt. Am Beispiel von halbleitenden, supraleitenden usw. Werkstoffen, die Kernspaltung erfahren, ist zu erkennen, daß sich die physikalischen Eigenschaften der Elemente oft entscheidend verschlechtern, wenn der Gehalt bestimmter (schädlicher) Verunreinigungen ein Millionstel und manchmal sogar nur ein Milliardstel Prozent (d. h. 0,001 g pro Tonne) erreicht. Metallkundler wissen, wie katastrophal ein Zehntausendstel leichtschmelzbarer Verunreinigungen mechanische und technologische Eigenschaften der Metalle und Legierungen bei hohen Temperaturen beeinflußt, wie ein Hunderttausendstel Prozent Bor, Lithium, Kadmium oder Gadolinium Uran zum „Ausschuß" für die Kernreaktoren macht. Bei metallischen Werkstoffen von Thermokernreaktoren muß der Gehalt schädlicher Beimengungen bei 10^{-8}—10^{-10} Prozent liegen [25]. Nach Rechnungen theoretischer Physiker können einige Eigenschaften von Elementen, zum Beispiel solche, die von der Verteilung der Elektronen in Halbmetallen abhängen, nur bei Reinheit der Größenordnung von 10^{-14} Prozent festgestellt werden. Hieraus wird ersichtlich, daß ein Forschungsvorhaben (und hier ist gerade das staatliche Forschungsprogramm zur Bestimmung von Kennwerten und neuen Eigenschaften metallischer Werkstoffe zu erwähnen) nicht ohne gebührende

Ausnutzung des gesamten „Arsenals“ physikalischer und chemischer Methoden und Geräte der Spurenanalyse qualifiziert ausgeführt werden kann.

Gleichzeitig mit dem Problem der Reinheit entstand das nicht weniger schwierige Problem ihrer Erhaltung bei allen technologischen Operationen, was die Schaffung neuer technologischer Ausrüstungen auslöste (Vakuumschmelz- und Vakuumglühöfen, Walz- und Drahtziehmaschinen usw.) [26—28].

Metallische Teile besonderer Elektrovakuumgeräte und reinste Seltenerdmetalle sowie chemisch aktive Metalle befinden sich schon jetzt „von der Geburt bis zum Tode“ im Vakuum [29].

Hier ist es angebracht zu erwähnen, daß Metallforscher auch sehr interessiert sind an der weiteren Vervollkommnung der chemisch-metallurgischen und technologischen Ausstattung, an der Vergrößerung ihrer Reinheit und Produktivität, an der Verwendung eines höheren und „reineren“ Vakuums, von Edelgasen, Elektronen-, Sonnen- und Laserstrahlen, des Plasmas zur Gewinnung reiner Metalle und Legierungen, „gesunden“ Rohmaterials und dessen „steriler“ Bearbeitung durch Druck und Wärmebehandlung. Sehr wichtig ist die Änderung der Form und der Abmessungen von Konstruktionswerkstoffen durch Ziehen aus der Schmelze, durch gerichtete Kristallisation, durch plastische Deformation und Wärmebehandlung unter verschiedenen Bedingungen. Gerade von den genannten Operationen hängt in entscheidendem Maße die Qualität der Produktion und der metallkundlichen Forschungen ab. Wenn man von der wissenschaftlich-technischen Notwendigkeit der Bestimmung von Kennwerten und Eigenschaften reinster Metalle und Legierungen spricht, müssen die Probleme der Einkristalle erwähnt werden, weil das Niveau der Eigenschaften kristalliner Körper nicht nur von der Quantität der Beimengungen abhängt, sondern auch von ihrer Verteilung und dem Grad der Vollkommenheit des Kristalls selbst. Bekanntlich sind die Grenzen der Kristallite oft gerade jene schwachen Stellen des Kristalls, wo sich am meisten schädliche Beimengungen anhäufen.

Ein gewöhnliches polykristallines Metall setzt sich aus einzelnen Kriställchen (Einkristallen) wie die Wand eines Hauses aus Ziegeln zusammen. Physiker, Chemiker und Metallkundler, die Metallforschung betreiben, strebten immer danach, einzelne vollkommene Einkristalle zum Studium von Struktur und Eigenschaften in die Hand zu bekommen. Bezüglich leichtschmelzender Metalle und Metalle mit mittlerem Schmelzpunkt, wie Zinn, Zink, Aluminium und Kupfer, wurde diese Aufgabe in der ersten Hälfte unseres Jahrhunderts gelöst. Einkristalle aller dieser Metalle waren verhältnismäßig leicht durch Ziehen aus der Schmelze oder mittels Rekristallisation vorverformter, reiner Proben zu erhalten. Alle diese Arbeiten wurden unter freier Atmosphäre durchgeführt [30, 31].

Das Problem der Züchtung von Einkristallen hochschmelzender und seltener Metalle schien viele Jahre unlösbar wegen ihrer hohen Schmelztemperatur und großen chemischen Aktivität. Einkristalle aus diesen Metallen zu erhalten, gelang erst dann, als in den fünfziger bis sechziger Jahren dieses Jahrhunderts neue technologische Verfahren der Reinstdarstellung und der Vakuummetallurgie entwickelt worden waren.

1960—1961 wurden im Laboratorium für seltene Metalle und Legierungen des Baikow-Instituts für Metallurgie der Akademie der Wissenschaften der UdSSR (IMET) Einkristalle aller hochschmelzenden Metalle (Wolfram, Molybdän, Rhenium, Niob, Vanadium, Ruthenium u. a.) durch Vakuum-Elektronenstrahl-Zonenschmelzen und etwas später Einkristalle der Seltenerdmetalle (Yttrium, Skandium, Gadolinium u. a.) durch Vakuumdestillation und Rekristallisation vorverformter polykristalliner Proben gezüchtet [21, 31].

Bis heute wurden praktisch für alle Metalle und viele Legierungen Methoden der Einkristallzüchtung ausgearbeitet [30—34], darunter auch für das sehr hochschmelzende Metall Wolfram. Das wichtigste war, daß neue Eigenschaften bei vielen „alten“ Metallen, solchen wie Eisen, Nickel, Molybdän, Wolfram, gerade im einkristallinen Zustand entdeckt wurden [22, 31—34]. Es zeigte sich, daß reine Einkristalle von Metallen und Legierungen eine Reihe einmaliger physikalischer Eigenschaften besitzen, die sie im polykristallinen Zustand bei technischer Reinheit nicht haben.

Einkristalle von Eisen, Molybdän, Wolfram (und ebenso die Oxide von Aluminium und Magnesium) verlieren im hochreinen Zustand ihre Sprödigkeit, die für technische polykristalline Metalle charakteristisch ist, und weisen hohe Plastizität bis zu Heliumtemperaturen auf (Abb. 4).

Untersuchungen der mechanischen Eigenschaften von Kupfer- und Messing-Einkristallen zeigten, daß die für Metalle technischer Reinheit typischen Warmsprödigkeitszonen im Gebiet von 300—700 °C fehlen [32].

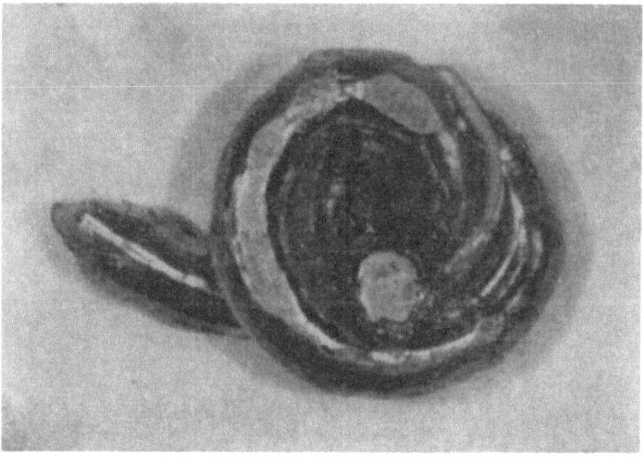

Abb. 4. Molybdänstab (Einkristall) mit einem Durchmesser von 10 mm, der bei Zimmertemperatur verknotet worden ist

Einkristalle hochschmelzender Metalle erweisen sich als stabil bei der Arbeit im Plasma des Zäsiums sowie anderer Alkalimetalle (bei polykristallinen Metallen „schwitzt“ Zäsium durch die Korngrenzen) und ebenso des Wasserstoffs. Das ist sehr wichtig für Katoden bei Umwandlung von Wärmeenergie in elektrische und für viele Einzelteile von Elektrovakuumgeräten (Abb. 5) und Gasentladungsgeräten. Einkristalle geben bei der Arbeit im Vakuum keine Gase ab und ändern ihre Form und Größe

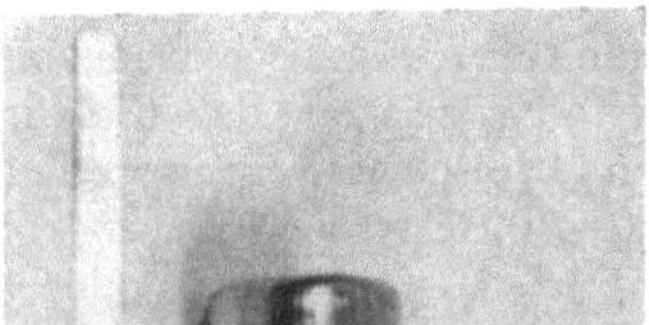

a)

b)

Abb. 5. Moderne a) „Mini“- (daneben zum Vergleich ein Streichholz) und b) „Maxi“-Elektronenröhren. Für viele Einzelteile dieser Röhren werden hochschmelzende Metalle verwendet bei langem Betrieb (mehr als Stunden), bei hohen Temperaturen, unter Bestrahlung und thermozyklischer Belastung nicht. Die Verwendung von Wolframeinkristallen sowie von Blechen, Folien und Drähten aus zonengereinigten Molybdäneinkristallen gestattete, bereits die Lebensdauer der existierenden Elektrovakuumgeräte auf das Zehnfache zu steigern und außerdem noch neue Geräte extrem hoher Empfindlichkeit und Zuverlässigkeit zu schaffen. Einkristalle hochschmelzender Metalle sind bei den Arbeiten in einigen flüssigen metallischen Medien (Lithium, Kalium, Natrium) stabil, verträglich mit Uran- und Plutonium-Karbiden und stabil gegen Rekristallisation und Kriechen.

Einkristalle hochschmelzender und seltener Metalle werden schon im industriellen Maßstab hergestellt. In Verbindung damit entstanden eine Vielzahl metallphysikalischer, thermophysikalischer und elektronenphysikalischer Untersuchungen metallischer Kristalle und die Grundlagen einer Metallkunde der Einkristalle hochschmelzender und seltener Metalle. Bis zum Beginn der siebziger Jahre erweiterte sich der Kreis unserer Kenntnisse über Bau, Verunreinigungen, Defekte und Eigenschaften der Metallkristalle bedeutend. Untersuchungen an Einkristallen bieten die Möglichkeit, neue Informationen über Metalle, Legierungen und Verbindungen zu erhalten. Es erscheint notwendig, die theoretischen und die praktischen Aspekte des Problems metallischer Einkristalle hervorzuheben. Schon jetzt ist deutlich, daß Einkristalle hochschmelzender und seltener Metalle für metallkundliche Strukturuntersuchungen und für die Entdeckung neuer chemischer, physikalischer und sogar biologischer Eigenschaften der Metalle und ihrer Wechselbeziehung unentbehrlich sind.

Einkristalle werden für die Erforschung der Elektronenstruktur der Metalle gebraucht. Nur dank der Herstellung hochreiner und vollkommener Metallkristalle konnten Fermi-Flächen konstruiert und viele theoretische Ergebnisse der Quantenphysik des Festkörpers experimentell geprüft werden. Die Herstellung von Einkristallen einiger Isotope hochschmelzender und seltener Metalle gestattet auch, die nuklearen Effekte wirksamer zu untersuchen.

Ein einmaliger Komplex von Eigenschaften machte die Einkristalle hochschmelzender und seltener Metalle zu interessanten Objekten für die Herstellung besonders wichtiger Einzelteile von Elektrovakuumgeräten und Apparaten für die Umwandlung von Wärmeenergie in elektrische und einigen anderen [34]. Für die breite Anwendung von Einkristallen hochschmelzender und seltener Metalle in der Technik ist es notwendig, ihre Struktur und Eigenschaften gründlicher zu untersuchen und neue Herstellungsmethoden auszuarbeiten.

In dem Maße, in dem die Untersuchungen erweitert und vertieft werden, wächst das Verzeichnis besonderer Eigenschaften der Einkristalle, und vielleicht liegen die interessantesten und wichtigsten Entdeckungen noch vor uns. Das gilt besonders im Hinblick auf die bevorstehende Züchtung reinster, störungsfreier Metallkristalle. Das Problem der Einkristalle hochschmelzender und seltener Metalle ist erst zwei Jahrzehnte alt.

Gegenwärtig sind Einkristalle zahlreicher binärer Legierungen im gesamten Konzentrationsbereich (Mischkristalle) und vieler intermetallischer Verbindungen [3, 30—34] gezüchtet worden. Die in der letzten Zeit im IMET durch Plasmaschmelzen erhaltenen Wolframeinkristalle (Abb. 6) beanspruchen bezüglich ihres Gewichtes und ihrer Abmessungen (Durchmesser 50 mm, Länge bis 1 m, Gewicht größer als 10 kg) auch für die Produktion von Wolframhalbfabrikaten Interesse, da die Stangen des im Vakuumlichtbogen geschmolzenen polykristallinen Wolframs nicht technologisch bearbeitet werden können [33]. Es ist beabsichtigt, Wolframeinkristalle künftig durch eine kontinuierliche Methode herzustellen. Die mechanischen Eigenschaften großer Wolframeinkristalle bei Zimmertemperatur sind in Tabelle 1 angeführt (nach Daten des Festigkeitslaboratoriums in IMET). Wolframeinkristalle verfärben sich nicht bei der

Bearbeitung durch Schneiden. Das gilt auch für Wolframlegierungen mit Molybdän, Rhenium und anderen Metallen.

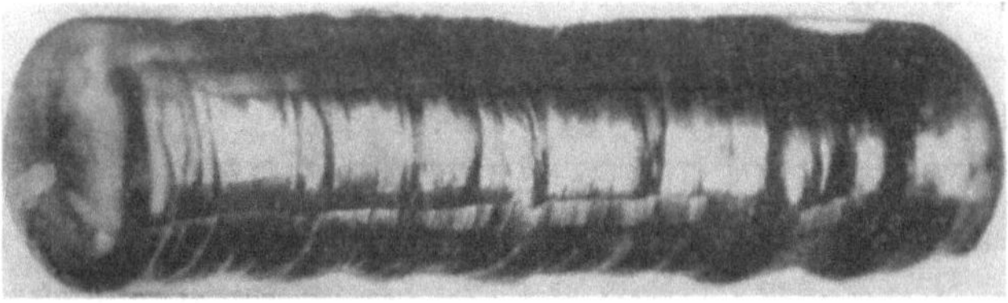

Abb. 6. Wolframeinkristall mit einem Durchmesser von 40 mm und einer Masse von 5 kg

Wenn man über den kristallinen Körper, besonders über einen Einkristall spricht, darf man niemals die ihm eigene Anisotropie physikalischer Eigenschaften auf verschiedenen Netzebenen außer acht lassen. So zum Beispiel beträgt bei Wolframeinkristallen (und Molybdän) die Anisotropie der Thermoemissionseigenschaften 25 Prozent (Maximum auf den dichtgepackten, Minimum auf den lockergepackten Flächen). Sie wird bereits in der Katodenproduktion für thermoelektrische Wandler [32 bis 34] ausgenutzt, man fertigt nämlich zur Erhöhung der Ausbeute die emittierende Katode aus der kristallografischen Fläche mit maximaler Austrittsarbeit der Elektronen im Vakuum (z. B. (110)).

Im Zäsiumplasma, mit dem thermoelektrische Wandler gefüllt sind, wird die Austrittsarbeit dieser Flächen im Gegensatz dazu minimal und gibt folglich eine maximale elektrische spezifische Leistung ab.

Die Anisotropie der mechanischen Eigenschaften bei Zug ist noch größer, sie beträgt in der Zugfestigkeit 30 Prozent und in der Brucheinschnürung der Probe sogar 90—100 Prozent. Die Herstellung von Einkristallen mit gegebener Kristall-Orientierung wird beherrscht, was einer der Wege zur Steuerung ihrer Struktur und Eigenschaften ist. Angaben zur Anisotropie der Elektronenaustrittsarbeit im Ultrahochvakuum (10^{-9} Torr) sind für Einkristalle einiger hochschmelzender Metalle in Tabelle 2 angeführt [34].

Tabelle 1

Mechanische Eigenschaften von Wolframeinkristallen

Mechanische Eigenschaften bei Zug	Kristallografische Orientierung				polykristallines Wolfram technischer Reinheit
	(110)	(111)	(112)	(100)	
Zugfestigkeit, kp/mm^2	81	115	93	90	80–110
Fließgrenze, kp/mm^2	70	75	72	60	–
Brucheinschnürung, %	100*	–	–		–
Bruchdehnung, %	10	3	5	7	0

* Nach Anlassen im Vakuum bei 2000 °C

Die Nutzung der Anisotropie der kristallinen Körper, insbesondere von Einkristallen, und die gezielte optimale Kombination ihrer physikalischen, technologischen und Gebrauchseigenschaften gehören zu den wichtigen Richtungen der Metallforschung.

Die Substruktur der Einkristalle besteht aus Subgrenzen verschiedener Ordnungen, aus eingewachsenen und beweglichen Versetzungen. Man findet Einschlüsse von Dikarbiden mit hexagonalem Gitter.

Eine aktuelle Aufgabe stellt die bessere Reinigung der Wolfram- und Molybdäneinkristalle von Beimengungen und vor allem vom Kohlenstoff dar, wodurch ihre Plastizität noch weiter erhöht werden kann.

Großes wissenschaftliches und praktisches Interesse hat die Herstellung von Wolfram-, Molybdän- und anderen hochschmelzenden Metalleinkristallen mit ungestörter Struktur.

Das könnte zur Entdeckung neuer physikalischer Eigenschaften führen und auch viele theoretische Vorstellungen der Festkörperphysik zu prüfen gestatten. Heutzutage gelingt es durch spezielle technologische Verfahren in Wolframeinkristallen die Versetzungsdichte von 10^6-10^7 auf 10^3 cm^{-2} herabzusetzen.

Tabelle 2

Die Austrittsarbeit der Elektronen im Vakuum von Einkristallen hochschmelzender Metalle

Metall	Kristallgitter*	Austrittsarbeit, eV			
		Polykristall	Einkristallflächen		
			(110)	(111)	(100)
Niob	krz	4,63	4,67	3,88	4,00
Molybdän	krz	4,02	4,90	4,18	4,35
Wolfram	krz	4,50	5,30	4,40	4,60
Iridium	kfz	5,40	4,85	5,80	5,37
			–	–	–
			(0001)	$(10\bar{1}0)$	$(11\bar{2}4)$
Ruthenium	hdP	4,68	5,40	5,14	4,52

*) krz – kubisch-raumzentriertes Kristallgitter
kfz – kubisch-flächenzentriertes Kristallgitter
hdP – hexagonal dichteste Packung

Wenn man das über Einkristalle Gesagte für die prognostische Einschätzung der weiteren Entwicklung der Metallforschung heranzieht, drängt sich von selber der Schluß auf, daß das bisher erreichte Niveau der Produktion und Untersuchung der Einkristalle Messungen von Eigenschaften reinster Metalle in erster Linie an Einkristallen nicht nur erlaubt, sondern auch fordert. Es ist ebenso deutlich, daß die Rolle der Metalleinkristalle und Erzeugnisse daraus als zentrale Einzelteile verschiedener Geräte und Anlagen der neuen Technik weiter wachsen wird (Einzelteile von Katodenspitzen der Elektrovakuumgeräte, Katoden von thermoelektronischen Wandlern, Elektroden von magnethydrodynamischen Generatoren, Katoden der Wasserstoffinjektoren von thermonuklearen Reaktoren, Schaufeln von Gasturbinentriebwerken usw.) [34]. So zum Beispiel erlaubt die Anwendung einkristalliner Schaufeln aus warmfesten Nickellegierungen, den Kriechwiderstand und die Lebensdauer von Gasturbinen zu vergrößern [35]. Hierher gehört auch die Produktion von Schaufeln aus langgestreckten Kristallen, die durch gerichtete Kristallisation erhalten worden sind [36].

In der Hochleistungsenergetik entsteht an der Grenze Metall-Isolator öfter elektrischer Durchschlag. Wegen ihres vollkommeneren Baus und ihrer Reinheit haben die Einkristalle (Kupfer, Wolfram) eine größere Hochspannungsfestigkeit als polykristalline Materialien.

Im Laboratorium für Neutronenphysik des Vereinigten Instituts für Kernforschung wurde eine Untersuchungsmethode sehr schwacher Wechselwirkung zwischen Neutronen und Elektronen der Wolframatome erarbeitet, die auf Neutronenstreuung am Einkristall des stabilen Isotops W-186 beruht (gezüchtet im Institut für Metallurgie der Akademie der Wissenschaften der UdSSR (IMET)). Durch Verwendung eines Einkristalls anstelle von Wolframpulver kann die Empfindlichkeit der Methode um einige hundert Male vergrößert werden. So werden Untersuchungen an Einkristallen für die Physik und Chemie der Metalle wichtig, weil sie neue Daten vom Bau und den Eigenschaften der Metalle, Legierungen und Verbindungen zu erhalten gestatten [34].

Vor unseren Augen und mit unserer Beteiligung entsteht ein neuer Zweig der Metallkunde durch die Bedürfnisse der neuen Technik, die Metallkunde der Einkristalle. Das Spektrum der Untersuchungen von Struktur, Defekten, elektrischen, mechanischen, technologischen und Gebrauchseigenschaften muß erweitert werden, ebenso das ihrer Anisotropien und Wechselbeziehungen bei Einkristallen von Metallen, Legierungen und intermetallischen Verbindungen.

Die Entwicklung der Metallkunde, Metallphysik und Physiko-Chemie der Metalleinkristalle ist eine dringende Aufgabe der allernächsten Zeit.

Prinzipiell neue Geräte und Anlagen müssen geschaffen werden, die neue Informationen über den Bau und die Eigenschaften metallischer Materialien und insbesondere der Einkristalle liefern. Dabei ist es sehr wichtig, daß die Bestimmung der Struktur und Eigenschaften gleichzeitig und nach Möglichkeit automatisch ausgeführt werden kann. Immer typischer werden Untersuchungen, bei denen die Meßdaten unmittelbar in eine elektronische Rechenmaschine eingegeben werden. Es sind bereits Konstruktionen universeller Meßgeräte einer Art „metallkundlicher Kombine" ausgearbeitet und erprobt worden [37]. Automatische Anlagen (z. B. vom Typ „Quantimeter") für das Auffinden, Indentifizieren und Berechnen verschiedener Strukturbestandteile und der Dichte von Einschlüssen beziehungsweise Defekten in metallischen Werkstoffen kommen in Gebrauch. Ohne Zweifel wird sich die automatisierte Forschung in Zukunft weiter entwickeln. Jedenfalls muß der Kreis der zu messenden Eigenschaften bedeutend erweitert werden. Gegenwärtig werden an Metallen und Legierungen im wesentlichen die mechanischen Eigenschaften, die elektrische Leitfähigkeit, die Wärmeleitfähigkeit, der thermische Ausdehnungskoeffizient und manchmal optische oder magnetische Eigenschaften bestimmt. Um die Wahrscheinlichkeit der Entdeckung neuer und hauptsächlich sich quantitativ oder qualitativ unterscheidender Eigenschaften zu erhöhen, muß man anscheinend einige hundert Eigenschaften bestimmen, beginnend mit Atomkerneigenschaften bis zu den technologischen Eigenschaften, und auch die Gesetzmäßigkeiten verallgemeinern, die damit verbunden sind. Zweifellos werden auf diesem Weg schon in den nächsten Jahren interessante und wichtige Entdeckungen gemacht werden.

Die verschiedenartige Kombination von Bewegungen der Elektronen- und Ionensysteme kristalliner Metalle und insbesondere Legierungen und überhaupt fester anorganischer Materialien bedingt durch äußere Einwirkungen und innere Ursachen die unendliche Vielfalt und Unerschöpflichkeit ihrer Struktur und Eigenschaften. Früher betrachtete man diese beiden Systeme des Kristalls gewöhnlich getrennt und teilte die Eigenschaftten fester Körper in „elektronische“ und „ionische“ ein. Jetzt wird eine solch mechanische Konzeption durch eine strengere dialektische abgelöst, bei der die Hauptaufmerksamkeit auf die Wechselwirkung zwischen Elektronen- und Ionensystemen gelenkt wird. Als Beispiel kann eine Eigenschaft wie die Supraleitfähigkeit von Metallen und Legierungen dienen. Lange Zeit glaubte man, daß diese rein elektronische Erscheinung und das Ionensystem des Kristalls nichts miteinander zu tun haben. Tatsächlich zeigte sich jedoch, daß eben dieses Gitter auf das Elektronensystem einwirkt, so dessen Bewegung im Metallkristall ändert und dadurch bei Heliumtemperatur supraleitend wird [37a].

Da der Aufbau aus Ionen und Elektronen alle Eigenschaften der Stoffe bestimmt, muß auch die geniale LENINsche Vorhersage der Unerschöpflichkeit des Atoms und Elektrons auf Struktur und Eigenschaften aller materiellen Körper ausgedehnt werden.

3. Theorie metallischer Legierungen

Der metallische Zustand ist für die Mehrzahl der Elemente typisch. Von den 104 bekannten Elementen sind 76 Metalle, und die Mehrzahl der nichtmetallischen Elemente geht beim Schmelzen unter hohen Drücken und beim Lösen in Metallen auch in den metallischen Zustand über.

Wenn man über Metalle spricht, muß man von Legierungen, intermetallischen Verbindungen und von der zugehörigen Theorie sprechen. In der Natur gibt es etwa 80 Metalle, aber es können Millionen von Legierungen gebildet werden. Legierungen und Verbindungen der Metalle geben die Möglichkeit, unerwünschte Eigenschaften der Metalle zu schwächen und positive zu verstärken oder sogar bei gegebenen Metallen nicht vorhandene physikalische Eigenschaften zu erzeugen (Supraleitfähigkeit, Ferromagnetismus und andere). Alle in der Technik verwendbaren wichtigen metallischen Materialien — Roheisen, Stahl, Messing, Bronze und andere — sind bekanntlich Legierungen, die aus 2 bis 10 und mehr Metallen und Beimengungen bestehen. Bei der Konzeption von Legierungen sind alle Elemente des MENDELEJEWschen Systems untereinander gleichberechtigt. Es gibt keine „schlechten" und keine „guten" Elemente. Die Elemente können sich untereinander beeinflussen. Dieser Einfluß kann die eine oder andere Eigenschaft einer Grundkomponente verbessern oder verschlechtern. Es gibt keine „schlechten" und keine „guten" Beimengungen zum Metall. Es kommt auf die Art, auf das Vorkommen und auf die Menge der Beimengungen sowie ihre physikalisch-chemische Wechselwirkung mit den Komponenten der Legierung und untereinander an.

Bisher wird, vielleicht überall, die Bearbeitung der Legierungen auf „manuelle" Art nach empirischen Methoden des vorigen Jahrhunderts, ohne grundlegende physikalische Theorie und ohne Automatisierung und Mechanisierung heranzuziehen, vorgenommen. Es ist einfach, ein Metall zu nehmen, zu ihm ein anderes irgendwie dazuzubringen und so weiter. Wenn man die Sache so fortführt, dann reicht für solch eine „kriechende" Erforschung der Legierungen — will man alle möglichen Kombinationen der 104 Elemente berücksichtigen — das Metall von mehr als der Erdmasse nicht aus. Von 1875 bis 1950 wurden von der Gesamtzahl der Elementkombinationen 25 Prozent der Zweikomponentensysteme, 0,25 Prozent der Dreikomponenten-, 0,0015 Prozent der Vierkomponenten- und 0,00001 Prozent der Fünfkomponentensysteme erforscht [38, 39]. Wie man sieht, geht die Sache sehr langsam voran. Es ist unmöglich, sich vorzustellen, welche riesige Menge von Legierungszusammensetzungen mit hervorragenden Eigenschaften die Menschheit nicht nutzt, weil ihre Untersuchung noch nicht erfolgt ist.

Bei der Konzeption von Legierungen, besonders bei der Erforschung der Zustandsdiagramme und der Eigenschafts-Zusammensetzungs-Diagramme, ist eine Reihe halbempirischer Gesetzmäßigkeiten gefunden worden. Sie betreffen die Änderung der mechanischen, elektrischen und einiger technologischer Eigenschaften in Abhängigkeit von ihrer Zusammensetzung (Gesetze von Kurnakow), ihrer Struktur, ihrer Temperatur, von den wirkenden Kräften, von der Umgebung usw. Faktoren wurden gefunden, die eine bedeutende Löslichkeit der Metalle untereinander im festen Zustand bestimmen. Dazu gehören solche wie der Isomorphismus der Kristallstrukturen, kleiner Unterschied in den Atomradien der Komponenten und in der Elektronegativität. In diesem Zusammenhang ist die erfolgreiche Arbeit sowjetischer Metallkundler und Physiko-Chemiker hervorzuheben, die experimentell mehr als 40 Prozent der in der Weltliteratur bekannten Zustandsdiagramme und Eigenschafts-Zusammensetzungs-Diagramme metallischer Systeme aufgestellt haben. Damit sind in kurzer und anschaulicher Form alle möglichen Wechselbeziehungen zwischen der Zusammensetzung, der Struktur und den Eigenschaften der Legierungen aufgezeigt, und damit ist ein grundlegendes wissenschaftliches Dokument für die rationelle Auswahl einer Legierung geschaffen worden [2—15, 38]. Eine große Hilfe für die Metallkundler und Physiko-Chemiker bei der Prognose des Aufbaus und der Eigenschaften der Metalle und Legierungen ist die Verwendung des Periodensystems von D. I. Mendelejew als fundamentales Gesetz der anorganischen Natur [19—21].

Aber vor dem Hintergrund der stürmischen Entwicklung der inländischen Metallurgie, des Maschinenbaus, des Gerätebaus, der neuen Technik und der ununterbrochen wachsenden Anforderungen an metallische Werkstoffe mit neuen bisher unbekannten Eigenschaften macht sich besonders der Rückstand der Theorie metallischer Legierungen gegenüber den Ansprüchen der Volkswirtschaft bemerkbar. Es wird deutlich, daß es unmöglich ist, die Sache nur auf Grund qualitativer Vorstellungen weiterzuführen, und neue Wege ausfindig gemacht werden müssen.

Diese Wege weist die moderne Quantenphysik. Schon jetzt kann man anhand der erfolgreichen Elektronentheorie der Metalle deren und der einfachsten Legierungen elektrische Eigenschaften berechnen, zum Beispiel für Mischkristalle binärer Systeme im gesamten Konzentrationsintervall, wie das für die Systeme Molybdän—Niob, Molybdän—Tantal, Tantal—Wolfram, Wolfram—Molybdän und Wolfram—Niob gemacht worden ist [34, 40] (Abb. 7). Ebenso kann die Temperaturabhängigkeit des elektrischen Widerstandes, der Wärmeleitfähigkeit und einiger anderer physikalischer Eigenschaften

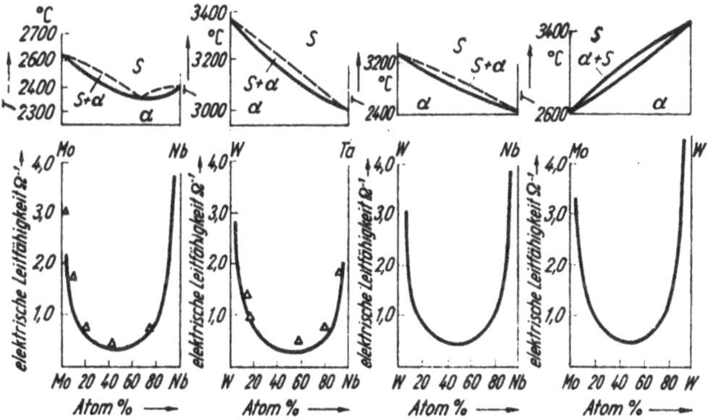

Abb. 7. Berechnete (Kurven) und experimentelle Werte (4,2 K) (Dreiecke) der elektrischen Leitfähigkeit der Legierungssysteme Niob—Molybdän, Wolfram—Tantal, Wolfram—Niob und Molybdän—Wolfram

berechnet werden. Die Temperaturabhängigkeit des elektrischen Widerstandes von Silber, Kupfer und Gold ist im Temperaturintervall von 0 bis 300 K berechnet worden [41]. Weiter wurde der elektrische Widerstand von 4,2 K bis zur Schmelztemperatur der Übergangsmetalle Palladium, Platin, Rhodium, Iridium, Molybdän und Wolfram berechnet [42]. So beginnt die Epoche der „maschinell rechnenden" Metallforschung. Die Metallforscher sind jedoch leider in ihrer Mehrheit wenig über die Erfolge der Quantenphysik informiert. Solange sich die Quantenphysik in der einen Richtung entwickelt und die Metallforschung in einer völlig anderen empirischen Richtung und zwischen ihnen keine Tendenzen zur Annäherung bestehen, sind sie zwei parallelen Geraden ähnlich. Daran sind sowohl die einen als auch die anderen schuld. Man muß diese zwei „parallelen" Entwicklungslinien einander nähern etwa dadurch, daß man ihnen Aufgaben von wissenschaftlichem *und* volkswirtschaftlichem Interesse auf dem Gebiet der Werkstofforschung stellt.

Die Kybernetik eröffnet sehr reiche Perspektiven. Mit dem Elektronenrechner konnten schon jetzt mit einer Wahrscheinlichkeit von 80—95 Prozent alle Fälle der Bildung anorganischer Verbindungen des Typs A_3B, AB und A_2B zwischen den 104 bekannten Elementen vorausgesagt werden, allerdings bisher nur für Zweikomponentensysteme [43—48].

Die verwendete mathematische Methode gehört zum Aufgabentyp der Bilderkennung mit Elektronenrechner, im vorliegenden Fall der Erkennung physikalisch-chemischer Objekte („Belehrung der Maschine durch einen Lehrer"). Deshalb wurde neben den Daten des elektronischen Baus der Komponenten eine Information über eine bestimmte Menge schon bekannter Verbindungen in den Elektronenrechner eingegeben (Tab. 3). Für den Fall, daß eine genauere Korrektur notwendig sein sollte, wurden der Maschine zusätzliche Beispiele eingegeben.

Tabelle 3
Anzahl der mit dem Elektronenrechner vorhergesagten anorganischen Verbindungen

Aktivität des Rechners	Anzahl der Verbindungen		
	A_3B	A_2B	AB
Programmierung			
Positive Beispiele	730	593	207
Negative Beispiele	727	484	155
Prognose von Verbindungen			
Positiv	5907	6834	4131
Negativ	3256	2659	791
nicht prognostiziert	92	142	142

Die Ergebnisse der Prognose können sich mit zunehmender Erfahrung bei der Programmierung und Korrektur des Lehralgorithmus ändern und erweitern.

Aus den Daten in Tabelle 3 folgt, daß der Elektronenrechner nach der vorgegebenen Methode eine um einigemal größere Zahl möglicher anorganischer Verbindungen im Vergleich zu den bis jetzt experimentell synthetisierten angibt [2—15, 48]. So sagt der Elektronenrechner aus hypothetisch etwa 10000 möglichen anorganischen binären Verbindungen mit dem Verhältnis der Komponenten 1:3 und 1:2 eine reichliche Hälfte voraus, während experimentell vorläufig ungefähr 1000 entdeckt sind.

Man verfügt demnach über riesige Reserven noch experimentell nicht synthetisierter Verbindungen, unter denen interessante Werkstoffe mit besonderen physikalischen Eigenschaften sein können.

Zuerst scheint eine so große Anzahl der vom Elektronenrechner vorausgesagten möglichen anorganischen Verbindungen paradox zu sein. Es entsteht der Eindruck — und das könnte sich noch als Hauptschlußfolgerung aus dem Einsatz des Elektronenrechners in der gegebenen Richtung erweisen —, daß die Elektronenstruktur der

Elemente (außer den Regeln der chemischen Valenz, die oft für die Bindung intermetallischer Verbindungen eine bestimmte Bedeutung haben) im allgemeinen der Bildung von Verbindungen zwischen ihnen im beliebigen Verhältnis unter bestimmten Bedingungen keine Einschränkungen (Verbote) auferlegt. So kann die Zahl der möglichen anorganischen Verbindungen über alle Grenzen wachsen. Gegenwärtig, das heißt auf dem modernen Entwicklungsstand der Physik und Chemie, scheint es theoretisch oder experimentell weder möglich, diese Schlußfolgerung zu bestätigen noch sie zu widerlegen.

Der überwältigende Teil der bis jetzt bekannten Verbindungen, zum Beispiel der intermetallischen, ist bei Aufstellung sogenannter Phasengleichgewichtsdiagramme mit verhältnismäßig kleiner Homogenisierungszeit synthetisiert worden. Echte thermodynamische Phasengleichgewichtsdiagramme (d. h. solche, in denen alle Annäherungsprozesse der Proben an den Gleichgewichtszustand des isolierten Systems vollständig beendet sind) existieren überhaupt nicht. Um vollständiges Gleichgewicht der zu untersuchenden Objekte zu erreichen, sind Jahre der Homogenisierung notwendig [48]. Zum Beispiel benötigt man nach Angaben von KUBASCHEWSKI für das System Molybdän—Chrom bei 800 °C 250 Jahre! Deshalb widerspiegeln die bisher bekannten Phasendiagramme nicht immer ein vollständiges Bild der möglichen chemischen Wechselwirkung zwischen den Komponenten.

Andererseits sind, außer der GIBBSschen Phasenregel für Gleichgewichte isolierter Systeme, anscheinend bisher Beschränkungen für die Bildung beliebiger metastabiler Phasen in Legierungen nicht bekannt. Es ist sogar nicht einmal sicher, ob solche Verbote überhaupt existieren können. Zum Beispiel sind in binären Systemen von Silber oder Gold mit Germanium, Silizium und ebenso mit Antimon, die man für rein eutektisch hielt, im festen Zustand metastabile HUME-ROTHERY-Phasen entdeckt worden [49]. Das bezieht sich besonders auf das Gebiet niedriger und sehr niedriger Temperaturen, bei denen die Tendenz zur Bildung kristallchemisch geordneter Phasen wächst, aber die entsprechenden Prozesse ausschließlich schleppend verlaufen. KUBASCHEWSKI sagt [49]:

„Wenn man glaubt, der 3. Hauptsatz der Thermodynamik bedeutet, daß am absoluten Nullpunkt im Gleichgewicht nur geordnete Phasen existieren, dann müssen sich in einem beliebigen System mit vollständiger gegenseitiger Löslichkeit geordnete Verbindungen bilden."

Analog wurde eine Prognose des Reaktionstyps der Bildung von 174 Verbindungen A_3B mit Hilfe des Elektronenrechners vorgenommen, die mit dem Experiment zu mehr als 90 Prozent [44] und mit einem Fehler von ungefähr 15 Prozent des Zahlenwertes einiger physikalischer Eigenschaften intermetallischer Verbindungen übereinstimmt. (Übergangstemperatur in den supraleitenden Zustand) [45].

Der Elektronenrechner wurde auch mit der Erkennung zweier einfachster Typen von Zustandsdiagrammen „isomorpher" und eutektischer Systeme programmiert. Für die Untersuchung wurden 33 chemische Elemente und 79 der von ihnen gebildeten binären Zustandsdiagramme herangezogen. Aus dieser Menge wurden 40 Diagramme (20 Diagramme jeden Typs) für die Programmierung benutzt. Die übrigen 39 Diagramme wurden zur Kontrolle als unbekannt angesehen. Die Ergebnisse zeigten, daß 35 Systeme fehlerlos erkannt wurden [43].

Die mit Hilfe des Elektronenrechners erhaltenen Ergebnisse erfordern eine Präzisierung und in einigen Fällen auch eine Überprüfung der Begriffe und Vorstellungen, die sich in der Metallkunde und in der physikalischen Chemie der Metalle eingebürgert haben, zum Beispiel solcher wie „intermetallische Verbindung", „Stöchiometrie", „Gleichgewicht", Anteil von Valenz- und inneren Elektronen an der Bildung chemischer Verbindungen, Einfluß von Nichtgleichgewichts- und insbesondere von extremen Bedingungen auf die Bildung von Verbindungen usw.

Der Elektronenrechner verringert die Anzahl der notwendigen Versuche für die Aufstellung von mehrkomponentigen Zustandsdiagrammen und Eigenschafts-Zusammensetzungs-Diagrammen bei Verwendung einer sogenannten Methode der Experimentplanung stark [50]. Immer häufiger werden Elektronenrechner auch als Dispatcher verwendet, die die Technologie der Produktion von Materialien und Erzeugnissen nach einem im voraus bearbeiteten Programm regulieren. Die Bearbeitung wird mit selbstprogrammierenden Automaten durchgeführt, obwohl diese Aufgabe sehr schwierig ist.

Wir stehen somit am Beginn der Epoche maschinell rechnender Chemie, und eine Reihe von Problemen wird bereits mit Hilfe der Elektronenrechner gelöst. Der Einsatz der Elektronenrechner in der Metallforschung beginnt gerade erst, und hier gibt es natürlich große Schwierigkeiten, die mit der Unvollkommenheit der Algorithmen der Bilderkennung bei metallkundlichen Objekten, mit der sehr großen Schwierigkeit der Eingabe der Ausgangsdaten über die Elemente und ihre Verbindungen in den Elektronenrechner, mit dem Mangel an Algorithmen für vielkomponentige Systeme, mit dem Fehlen quantitativer Daten über die interatomaren Bindungskräfte in Metallen und Legierungen usw. verbunden sind. Aber gerade wegen der noch unzulänglichen quantitativen Theorie metallischer Legierungen, ja auch wegen der Natur metallkundlicher Objekte selbst, sind statistische Methoden, besonders mit rationellem Einsatz des Elektronenrechners, äußerst aussichtsreich, wie insbesondere mit den oben angeführten Beispielen gezeigt wurde.

Das umfangreiche experimentelle Material, das von Chemie, Physik und Metallkunde gesammelt worden ist, enthält noch unbekannte Informationen über den Bau und die Eigenschaften der verschiedensten Stoffe. Die Aufbereitung dieses Materials mit den Möglichkeiten moderner Rechentechnik eröffnet prinzipiell neue Wege für die Aufdeckung bislang noch verborgener Gesetzmäßigkeiten des Baus der Stoffe und der praktischen Auswahl von Werkstoffen mit gewünschten Eigenschaften.

Außerdem kann man im Elektronenrechner äußerst handliche und für die Nutzung bequeme tabellarische Zusammenfassungen einer Vielzahl experimenteller Daten vornehmen, sie in der Maschine speichern und für Auskünfte verwenden. Es ist sicher, daß die künftige Metallforschung immer mehr „mathematisiert“ wird. Natürlich erfordert das beharrliche Arbeit von Enthusiasten dieser Forschungsrichtung. Leider finden sich unter den Metallkundlern bis jetzt nur wenige, die sich gut in der Kybernetik auskennen und die Möglichkeiten nutzen, die sie ihnen eröffnet. Andererseits gibt es unter den Mathematikern wie auch den Quantenphysikern fast keine Spezialisten, die sich für metallkundliche Aufgaben interessieren. Auch Chemiker müssen sich mit den Mathematikern zwecks Schaffung der Grundlagen der physikalisch-chemischen Prognosetheorie und der Entwicklung anorganischer und insbesondere metallischer Werkstoffe zusammentun.

Als generelle Aufgabe der Metallforschung bis Ende des 20. Jahrhunderts ist die theoretische Berechnung von Legierungen mit gewünschten Eigenschaften für beliebige Parameter und für alle Arbeitsbedingungen anzusehen. Zur Grundlage müssen dabei die Quantenphysik, die Kybernetik, die physikalische Chemie der Metalle und alle experimentellen Gesetzmäßigkeiten dienen. Eine solche Aufgabe heute zu stellen, ist völlig real, weil die moderne Mathematik, Physik, Chemie und Metallkunde dafür „reif“ sind.[1])

Anscheinend nähert sich die qualitative Phase der Entwicklung der Festkörper-Theorie und des Experiments dem Ende. Ich persönlich bin vollständig davon überzeugt, daß das Problem der Berechnung von Legierungen

---

[1]) Nach einer Prognose des Technischen Konsultativrates der Amerikanischen Gesellschaft für Metalle in den USA hofft man, diese Aufgabe bis in die achtziger, neunziger Jahre des 20. Jahrhunderts zu lösen.

mit vorgegebenen Eigenschaften noch in diesem Jahrhundert gelöst wird. Man braucht nicht zu verschweigen, daß diese Aufgabe nicht zu den leichten gehört. Die grundlegende Schwierigkeit besteht im Mangel an Wissen über den inneren Bau fester Körper und insbesondere der Metalle.

Seit der Schulzeit wissen wir, daß die Stoffe aus Atomen bestehen, die ihrerseits nach dem RUTHERFORD-BOHRschen Modell aus Atomkernen und diese auf entsprechenden Quanteniveaus umkreisenden Elektronen bestehen. Das ist alles einfach für ein isoliertes Atom (z. B. ein gasförmiges Metall), aber wie steht es mit einem festen kristallinen Metall, bei dem es Milliarden von Milliarden Atome und Elektronen gibt?

Wie sie sich verteilen, welche Energie sie haben usw. wissen wir bisher fast nicht. So befindet sich die Front der Wissenschaft, die Grenze zwischen Wissen und Nichtwissen im festen Körper auf Elektronenniveau. Hier liegt der Schlüssel zum Erfolg im Problem der Berechnung von Legierungen. Nebenbei bemerkt, gibt es auf diesem Gebiet bei uns verhältnismäßig wenige Arbeiten.

In der Natur sind vier Arten von Kräften bekannt: schwache und starke Kernwechselwirkungen, Gravitationskräfte und die elektromagnetischen Wechselwirkungskräfte, die wichtigsten für die physikalische Chemie der metallischen Werkstoffe.

Es ist sicher, daß fast alle Eigenschaften (außer den Kerneigenschaften) der Werkstoffe von der Verteilung und der Energie ihrer Elektronen abhängen. Das einfachste Modell des Metalls besteht, wie bereits besprochen, aus einem dreidimensionalen Raumgitter, das durch ständig schwingende positiv geladene Ionen gebildet wird (z. B. durch Atomkerne, die von stark gebundenen inneren Elektronen umgeben sind). Zwischen ihnen bewegen sich die Elektronen, von denen ein bedeutender Teil kollektiviert worden ist (die ehemaligen Valenzelektronen eines isolierten Atoms) und nicht irgendeinem

Ion angehört, sondern dem ganzen Kristall. Welcher Teil der Elektronen jedoch gerade als völlig frei anzusehen ist (von den 10^{22} oder 10^{23} im cm^3) und welcher Teil bei dem einen oder anderen Metall (besonders bei Übergangsmetallen) und erst recht bei Legierungen oder Verbindungen gebunden ist, gehört bereits in das Gebiet des Unbekannten. Die Leitungselektronen nehmen 70 bis 90 Prozent des Volumens der Metalle oder Legierungen ein, und in erster Näherung verhalten sie sich wie ein Elektronengas.

Jedes chemische Element wird nach modernen Vorstellungen eindeutig durch die Kernladung und die entsprechende Menge der sich in unterschiedlichen energetischen Zuständen befindlichen Elektronen definiert. In festen Metallen und Legierungen kommt die Vorstellung von der FERMI-Fläche und den Energiezonen hinzu. Die moderne Quantenphysik (Zonentheorie) entwickelt Vorstellungen vom Energiespektrum fester Körper als System komplizierter Energieflächen, die für deren unterschiedliche Eigenschaften verantwortlich sind. Sie definiert das Metall als festen Körper mit einer FERMI-Fläche, die eine Art „Ausweis" des Metalls bildet.

Dieses anschauliche geometrische Bild wird der Quantenmechanik entnommen, weil es sehr zweckmäßig für die Darstellung der Elektronenbewegung im Metall ist. Die FERMI-Fläche ist eine Fläche konstanter Energie im Quasiimpulsraum, die die gefüllten Elektronenzustände von den ungefüllten trennt (infolge des PAULI-Prinzips). Jedes Metall hat eine eigene, nur ihm eigentümliche Form der Fläche, die das Gebiet des von den Leitungselektronen am absoluten Nullpunkt eingenommenen Impulsraumes umschließt. Deshalb wird man in moderne Nachschlagwerke für Metalle auch Angaben über die FERMI-Fläche aufnehmen müssen.

Als Modell für die elektronische Struktur eines festen Metalls kann ein gekochtes Ei dienen. Das Innere des „Eies" sind die Elektronen mit sehr großer Energie, auf die wir mit keinen verfügbaren Mitteln Einfluß nehmen können. Sie werden von einer „Schale“ geschützt, das heißt von den Elektronen, deren Energie nahe der FERMI-Energie liegt. Die inneren Elektronen nehmen nicht am Austausch von Ladung und von Wärme, an der Lichtreflexion und der Schallabsorption teil. Die „Schale“ ist eine dünne Schicht (die auf Grund des PAULI-Prinzips gebildet wird) von Leitungselektronen, das heißt freien Elektronen, die auch alle elektronischen Eigenschaften der Metalle bestimmen.

Gegenwärtig stehen theoretische und direkte experimentelle Methoden zur Konstruktion der FERMI-Flächen zur Verfügung, und auf die Mehrzahl der Metalle [17, 51—53] sind sie bereits angewandt worden. Dabei stellte sich heraus, daß die FERMI-Flächen dieser Metalle geschlossen oder offen sind. Ihre Formen und Maße wurden bestimmt. Wie bereits erwähnt, entspricht die isoenergetische FERMI-Fläche einer Grenzenergie der Elektronen, deren Größe für das vorliegende Metall charakteristisch ist. Bekanntlich spielen in Erscheinungen, die mit der elektrischen Leitfähigkeit des Metalls verknüpft sind, nur jene Elektronen eine Rolle, deren Impulse in der Nähe der FERMI-Fläche liegen. Deshalb kann man, wenn die Form der FERMI-Fläche und ihr Energiegradient bekannt sind, im Prinzip alle elektronischen Erscheinungen in Metallen beschreiben. Die Form und die Größe der FERMI-Fläche hängen stark vom Typ des Kristallgitters und der Natur der interatomaren Bindung der Metalle ab. Die Kenntnis der FERMI-Fläche gibt die Möglichkeit, elektrische [44], thermische, plastische, elastische, optische und andere grundlegende physikalische Eigenschaften der Metalle zu erklären und sogar zu berechnen. Aber das trifft bisher nur in den einfachsten Fällen zu. Die Analyse der FERMI-Fläche für mehrwertige Übergangsmetalle und um so mehr für ihre Legierungen und Verbindungen stellt ein sehr kompliziertes Problem dar.

Um die FERMI-Fläche zu konstruieren, sind genaue physikalische Messungen der Besonderheiten des Verhaltens des reinen Metalls unter verschiedenartigen Bedingungen notwendig. Zu ihnen gehören in erster Linie unterschiedliche galvano-magnetische Daten: Zyklotronresonanz, anomaler Skin-Effekt, Magnetowiderstand, magneto-akustischer Effekt, de Haas-van Alphen-Effekt und andere (Abb. 8) [52]. Die Mannigfaltigkeit der Metalle in der Natur hat auch eine Mannigfaltigkeit der Fermi-Flächenformen zur Folge. Metalle besitzen in der Regel sehr komplizierte Flächen, die oft an eine abstrakte Skulptur erinnern. Einige typische Fermi-Flächen sind in Abbildung 9 dargestellt. Wie man aus der Zeichnung ersieht, ist für Kupfer (so auch für Gold und Silber) als einfachem einwertigen (ein leicht abspaltbares Elektron) Metall mit kubisch-flächenzentriertem Kristallgitter eine offene, einfache und symmetrische Form der Fermi-Fläche charakteristisch (Hohlkugeln, die durch Röhren verbunden sind). Solche eine Form zeugt von einer für „wahre“ Metalle typischen Kollektivierung der Va-

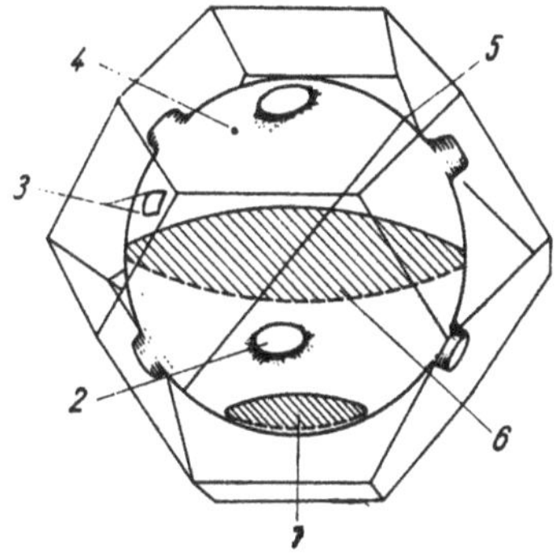

Abb. 8. Bestimmungsmethoden der Fermi-Fläche

1 – Zahl der Elektronen in einer Schicht (Positronenannihilation)
2 – Kontaktfläche (Magnetowiderstand)
3 – Krümmung (anomaler Skin-Effekt)
4 – Elektronengeschwindigkeit (Zyklotronresonanz)
5 – lineare Ausdehnung (magnetoakustischer Effekt)
6 – Extremalquerschnitt (de Haas-van Alphen-Effekt)

lenzelektronen. Derartige Metalle sind plastisch verformbar und gute Leiter für Wärme und Elektrizität.

Die Analyse der Fermi-Fläche ist, wie schon gesagt, für mehrwertige Übergangsmetalle (mit kubisch-raumzentriertem und hexagonal-dichtest gepacktem Kristallgitter) eine äußerst schwierige Aufgabe. Sie haben komplizierte geschlossene und sich über verschiedene Zonen erstreckende Fermi-Flächen (siehe Abb. 9). Anscheinend ist bei ihnen ein Teil der Elektronen kovalent mit Ionen gebunden, was sich auch in den Eigenschaften widerspiegelt. Wie wir sehen, ist die Frage der elektronischen Struktur der Metalle und Legierungen eine sehr komplizierte, aber eine wissenschaftlich sehr aktuelle. Wenn Physiker und Metallkundler sich mit ihr bis zu Ende auseinandersetzen, können die theoretischen Grundlagen für das Verständnis der Natur der Metalle und Legierungen und für die Steuerung ihrer Eigenschaften geschaffen werden.

Zur Sicherstellung des notwendigen theoretischen Vorlaufs müssen die experimentellen Untersuchungen zur Verteilung der Elektronen in Metallen, Legierungen und Verbindungen mit Hilfe von Beugungsmethoden (Beugung von Teilchen und Quanten), von galvano-magnetischen Verfahren, von Resonanzmethoden sowie von spektroskopischen und anderen Methoden erweitert, vertieft und beschleunigt werden unter Zuhilfenahme der Mechanisierung, Automatisierung und Kybernetik.

Die Form der Fermi-Fläche der wenigen intermetallischen Verbindungen, von denen sie bestimmt wurde, hat sich auch erwartungsgemäß als recht kompliziert erwiesen (Abb. 10). Die Vorstellungen der Zonentheorie sind, wie wir sehen, nicht einfach und erfordern im weiteren die Bearbeitung durch Physiker. Aber ungeachtet dessen muß die theoretische Metallkunde diese schon jetzt als die am meisten bearbeitete und Beachtung verdienende physikalische Theorie des metallischen Zustandes bei der Erklärung und Prognose von Eigenschaften metallischer Legierungen nutzen.

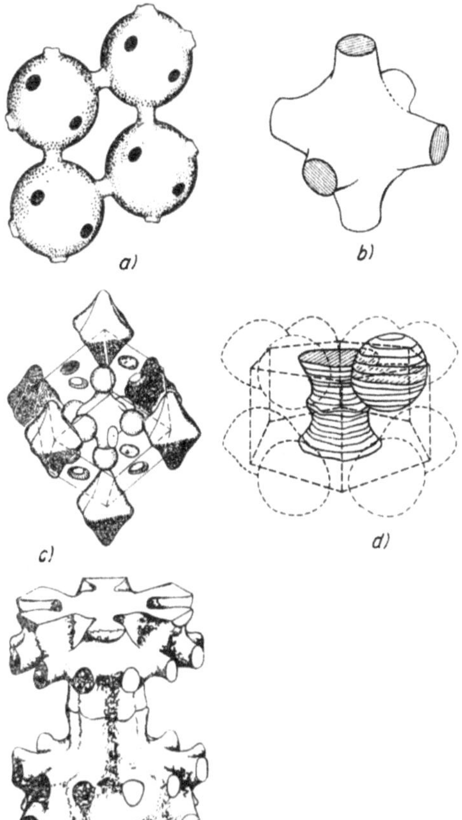

Abb. 9. FERMI-Flächen von Metallen mit unterschiedlicher Kristallstruktur

a) kubisch-flächenzentriertes Gitter (Kupfer)

b) kubisch-raumzentriertes Gitter (Gruppe $\overline{\text{V}}$A, Niob)

c) kubisch-raumzentriertes Gitter (Gruppe $\overline{\text{VI}}$A, Wolfram)

d) hexagonal dichteste Packung (Rhenium)

e) hexagonal dichteste Packung (Gadolinium)

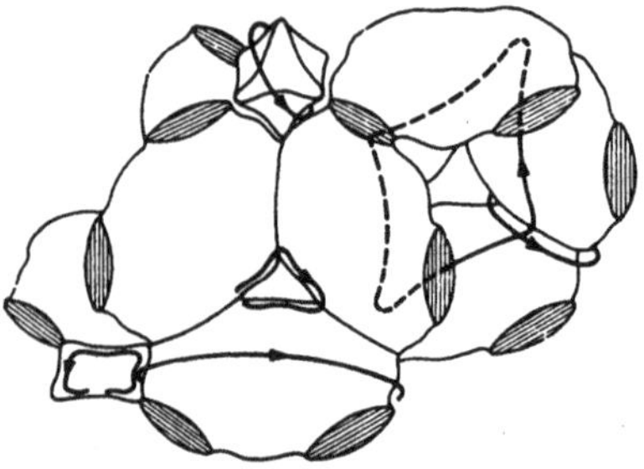

Abb. 10. Form der FERMI-Fläche der intermetallischen Verbindung β' Cu–Zn

4. Extreme Bedingungen

Eine außergewöhnlich wichtige wissenschaftlich-technische und werkstoffwissenschaftliche Frage ist die nach gezielter Einstellung von Struktur und Eigenschaften (darunter auch technologischer) der Metalle, Legierungen und Verbindungen mittels verschiedener Faktoren, namentlich unter Anwendung extremer Bedingungen. Gemeint sind hohe und tiefe Temperaturen, absolutes Vakuum und hoher Druck, Stoßwellen, große Beschleunigungen, hochenergetische Quanten- und Teilchen-Strahlungen verschiedener Art, hohe elektrische, magnetische und Ultraschallfelder, Schwerelosigkeit usw. Hier kann man beim Studium der Natur in den äußersten für sie erreichbaren Bedingungen neue Erscheinungen und solche Werkstoffeigenschaften entdecken, die unter gewöhnlichen Bedingungen der Beobachtung entgehen oder überhaupt fehlen. Der Einfluß einer Reihe dieser Faktoren auf den Bau und die Eigenschaften metallischer Werkstoffe wird vorläufig noch ein „weißer Fleck" in der Wissenschaft von den Metallen bleiben.

Es lassen sich viele Beispiele grundlegender Änderung der Werkstoffeigenschaften unter dem Einfluß derartiger Einwirkungen anführen [54–57]. Es genügt, an die Herstellung künstlicher Diamanten und des kubischen Bornitrids unter hohen Drücken (höher als 60000 atm und bei Temperaturen nicht unter 1500 °C) und bei Anwesenheit von Nickel- und anderen Katalysatoren zu erinnern (Abb. 11). Umgekehrt ist unlängst eine neue Form des Kohlenstoffs, „der weiße Kohlenstoff", bei Erhitzen des Graphits bis 3000 K in Argon unter niedrigem Druck hergestellt worden [58]. Diese Modifikation des Kohlenstoffs wurde in der Natur 1968 entdeckt.

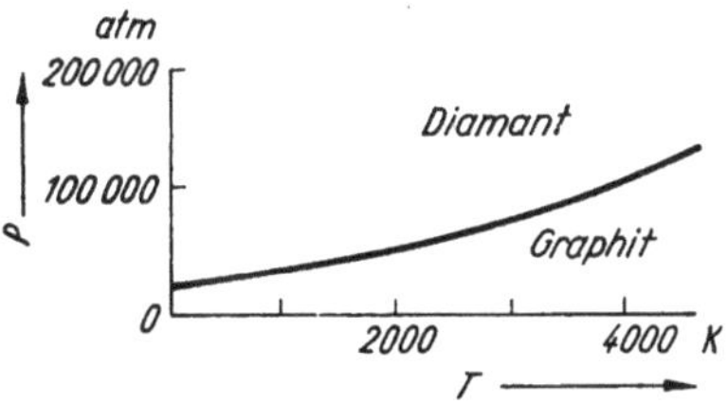

Abb. 11. Zustandsdiagramm von Kohlenstoff

Gefunden wurden auch Einflüsse des Hydro-Strangpressens („kaltes" hydrostatisches Pressen des Materials mit Flüssigkeit durch eine Öffnung in der Matrize) bezüglich Vergrößerung der Plastizität schwerverformbarer Materialien, auf die Vakuumdichte, die Festigkeit, den elektrischen Widerstand usw.

Ein Druck von zehntausend Atmosphären ruft Verkleinerung des Volumens einer Flüssigkeit um 25—30 Prozent hervor und erhöht die Erstarrungstemperatur stark (außer bei Wasser, Wismut und Antimon). So erstarrt geschmolzenes Blei unter Atmosphärendruck bei 327 °C und unter einem Druck von 33000 atm bei 532 °C. Anders kann es auch nicht sein: Die Stoffe sind sehr empfindlich gegenüber äußeren Einwirkungen; unter deren Einfluß ändert der elektronische Aufbau seine innere Struktur und folglich ändern sich die chemischen und physikalischen Eigenschaften.

Aus der Astronomie ist bekannt, daß die Dichte der Materie, die sich im extrem verdichteten Zustand befindet, 10^{87} t pro cm^3 erreichen kann. Wir wissen, daß unter gewöhnlichen Bedingungen das Metall im wesentlichen aus „Löchern" besteht, wenn man die verhältnismäßig großen Zwischenräume zwischen den Elektronen und Ionen als leer ansieht. Daher hat man unbegrenzte Möglichkeiten der Materialverdichtung durch Kompression unter allseitigem hohen Druck bis zum „Sprengen" der Elektronenhüllen und der gegenseitigen Annäherung der Atomkerne [56—58].

Hohe Drücke führen zu metallischer Materie und fördern den Übergang Isolator—Halbleiter—Metall. Schwefel erreicht metallische elektrische Leitfähigkeit unter einem Druck von ungefähr 400000 atm, Selen bei 125000 atm, Silizium bei 160000 atm und Germanium bei 120000 atm. Um metallisches Jod herzustellen, wird ein Druck von ungefähr 220000 atm benötigt. Nach theoretischen Überlegungen ist zu erwarten, daß Wasserstoff bei 2 Millionen Atmosphären metallische Eigenschaften besitzt [56]. Nach japanischen Angaben verwandelt sich Diamant in ein Metall unter einem Druck von 600000 atm. Von L. F. Verestschagin und A. J. Lichter ist die Abhängigkeit der Kompressibilität der Elemente von der Ordnungszahl bei 1 atm, 30000 atm und 100000 atm untersucht worden, und dabei sind interessante Ergebnisse zu Tage getreten [59].

Unter Stoßwelleneinfluß stieg bei einem Druck bis 9 Millionen atm die Dichte von Eisen, Nickel und Kupfer auf das Doppelte und die von Zinn und Blei auf das 2,5fache. Die Energie, die im Eisen gespeichert ist, übertraf bei solch einer Stoßkompression die Energie der Sprengwirkung von TNT um das 6fache. Unter dem Druck von 133000 atm wächst der elektrische Widerstand des Eisens um das 3,5fache [56].

Bei zwei Dritteln der Atome des Periodensystems sind einige innere Elektronenschalen nicht gefüllt. Theoretische Berechnungen zeigen, daß unter extrem hohem

Druck Übergänge der äußeren Elektronen in innere nicht gefüllte Zustände möglich sind. Als Bestätigung dafür gelten die erhaltenen dichteren Modifikationen bei Zäsium und Zer, die die gleiche Kristallstruktur besitzen wie die gewöhnlichen Modifikationen, aber mit kleineren Atomabständen. Bei Zer und anderen Seltenerdmetallen verlaufen unter dem Einfluß von Druck Phasenumwandlungen in Richtung wachsender „Kubizität" der Struktur. Die Metalle mit dicht-gepackten Strukturen (Koordinationszahl 12) erfahren anscheinend keine Umwandlungen der Kristallstruktur unter Druck (Kupfer, Nickel, Aluminium und die Edelmetalle).

Unter Druck können Übergänge realisiert werden, die nicht Struktur und Abmessungen des Kristallgitters, sondern nur das Energiespektrum der Ladungsträger ändern. Unter Druck sind sogar Übergänge möglich, die mit einer Änderung der Topologie der Fermi-Fläche, das heißt mit dem Zerfall offener Flächen in geschlossene oder mit dem Auftreten neuer Zipfel der Fermi-Fläche verbunden sind (ein sogenannter Übergang 2,5ter Art) [60]. Es liegen Berichte über die Existenz eines sogenannten fünften Aggregatzustandes vor, zum Beispiel bei Graphit, der aus einer Wolke von Ionen und Elektronen besteht, dem Suprametall, das bei extremen Drücken von Millionen Atmosphären gebildet wird [61]. Das ganze Problem besteht in der Möglichkeit, extrem hohe Drücke herzustellen und dabei Eigenschaftsmessungen durchzuführen. Zum Beispiel erlaubt eine bestehende Apparatur, elektrische Eigenschaften fester Körper bei Drücken der Größenordnung 500000 atm zu messen. Vielleicht werden für diese Zwecke in Zukunft unterirdische Kernexplosionen ausgenutzt (Millionen Atmosphären). Jedenfalls erhöhen Konstrukteure und Physiker die auf Werkstoffe aufgebrachten Drücke sowohl der statischen, als auch der kurzzeitigen (1—2 Millionen Atmosphären) ständig.

Bei der Kompression unter Druck ist nicht nur die Verdichtung der Materie beobachtet worden, sondern auch das Auftreten neuer stabiler Modifikationen bei schon bekannten Materialien, zum Beispiel bei schwarzem Phosphor und einer besonderen Quarz-Modifikation 60 Prozent höherer Dichte. Es wird angenommen, daß es fast keine Stoffe gibt, bei denen unter Druck von Hunderten Kilobar nicht die eine oder andere (oft instabile) Phasenumwandlung stattfindet. Wir müssen ebenso an die riesigen Drücke im Erdinneren und die durch sie hervorgerufenen Phasenübergänge der Minerale erinnern. All das ist interessant und wichtig für Metallforscher und die Metallforschung.

Als extrem kann anscheinend auch die 1945 im System Aluminium—Zink von A. A. Botschwar und Z. A. Swiderskaja entdeckte Erscheinung der „Superplastizität" angesehen werden, die sich in einem außerordentlich großen Wert (1000%) der relativen Längenänderung bei einachsigem Zug und Raumtemperatur äußert [62]. Es wird das durch die besondere Struktur eines Gemisches zweier fester Lösungen oder durch das Auftreten eines Phasenüberganges erklärt. Die Deformation unter Bedingungen der Superplastizität wird anscheinend durch das Fehlen von Hindernissen für Versetzungsgleitung und durch kontinuierlich ablaufende Erholungsprozesse charakterisiert. Leider tritt Superplastizität nur bei kleinen Deformationsgeschwindigkeiten auf.

Später wurde die Superplastizität in einer Reihe von rostfreien Stählen, Schnelldreh- und anderen Stählen und Legierungen von Buntmetallen bei normalen, öfter noch bei höheren Temperaturen entdeckt. Sowjetische Forscher erzielten in dieser Richtung große Erfolge [63, 64]. In England und den USA wird gegenwärtig versucht, die Superplastizität für technologische Zwecke zu nutzen (Formung des Autorumpfes aus der Legierung Aluminium—Zink), da eine superplastische Legierung ohne Schwierigkeit wie Plaste oder durch Hitze erweichtes Glas verformt werden kann [65]. Viele metallische Werkstoffe können anscheinend dadurch superplastisch gemacht werden, daß auf eine eutektische oder eutektoide

Zusammensetzung der Legierung und eine feinkörnige Struktur geachtet wird. Meiner Ansicht nach sollte das Auftreten von Superplastizität seiner Natur nach für wirklich metallische hochreine Werkstoffe mit rein metallischer Bindung eine ziemlich verbreitete und typische Erscheinung sein. Zur Bestimmung des Temperatureinflusses auf die Struktur und insbesondere auf die mechanischen Eigenschaften der Metalle wurde und wird eine Reihe von Untersuchungen hauptsächlich zu warmfesten Materialien und unter optimalen Bedingungen der Warmverformung durchgeführt [66—68]. Auch hier gibt es jedoch noch offene Probleme: Viele Phasenumwandlungen, der Effekt des Vorschmelzens, der zähflüssige Zustand, Bau und Eigenschaften bei extrem tiefen Temperaturen usw.

Die Möglichkeiten, die die von Akademiemitglied P. A. Rebinder erarbeitete physikalisch-chemische Mechanik disperser Systeme für die Verbesserung von Werkstoffeigenschaften bietet, müssen noch breiter ausgenutzt werden [69]. Es stehen noch Untersuchungen des Baus, der Eigenschaften und des technologischen Verhaltens von Metallen und Legierungen in verschiedenen Feldern aus, obwohl hier äußerst wichtige und interessante Ergebnisse erhalten werden können.

Wenn von der Einwirkung extremer Bedingungen auf metallische Materialien gesprochen wird, kann man nicht am Problem der kosmischen Metallforschung vorbeigehen, das angesichts der letzten kosmischen Erfolge der UdSSR und der USA besonders aktuell geworden ist. Die kosmische Metallforschung interessiert die „irdischen“ Metallforscher von zwei Standpunkten aus: erstens wegen des Bedarfs an metallischen Werkstoffen dieser sich stürmisch entwickelnden Zweige der Wissenschaft und Industrie und zweitens im Zusammenhang mit der Aufklärung des Verhaltens der Metalle und Legierungen unter für die Erde ungewöhnlichen, sogar diametral entgegengesetzten kosmischen Bedingungen und der früher oder später zu erwartenden Ausnutzung dieser Bedingungen für technologische und wissenschaftliche Forschungsziele.

Was die Anforderungen an die Werkstoffe für kosmische und Raketen-Bauteile anbelangt, so sind sie äußerst verschiedenartig und anspruchsvoll. Außer Temperaturbeständigkeit und thermozyklischer Stabilität (hohe und extrem tiefe Temperaturen) werden noch Vakuumdichtigkeit bei 10^{-16} atm, Stabilität gegenüber Schwingungen, hohen Beschleunigungen (einige Zehntausend *g*), Meteoritenschlag, langdauernder Plasmaeinwirkung, Strahlung und Schwerelosigkeit gefordert.

Darüber hinaus sind gegebene Werte der Elastizität, Wärmeleitfähigkeit, Warmfestigkeit usw. einzuhalten. Bei alledem bleiben die für Materialien aller Zweige der Industrie üblichen Anforderungen an die Verträglichkeit mit anderen Werkstoffen, an die Zuverlässigkeit, an die technologische Bearbeitbarkeit, an die Ungiftigkeit und an annehmbare Preise bestehen.

Die verhältnismäßig kurze Bekanntschaft mit dem Kosmos brachte uns sogar bereits neue Einsichten über das Verdampfen von Öl, Oxiden und Versetzungen aus „verborgenen" Metalloberflächen und über Erscheinungen des Verschweißens von Reibungsstellen im kosmischen Vakuum [29]. Aus metallischen Legierungen verdampfen im Vakuum Komponenten mit hohem Dampfdruck wie Zink, Chrom und Mangan. Diese Eigenschaft nutzt man manchmal für die Herstellung sehr dünner Filter aus Messingbändern, Silber usw. (z. B. für die Isotopentrennung). Plastwerkstoffe werden unter Einfluß von Sonnenstrahlung im Kosmos schnell zerstört (das wird in zunehmendem Umfang zur Beseitigung von Plastabfällen in Städten ausgenutzt).

Die Nutzung kosmischer Bedingungen (des nahen kosmischen Raumes und des Mondes) zum Schmelzen, zur Metallverarbeitung unter Druck, zum Schweißen und zur Montage von Elektrovakuumgeräten gehört schon jetzt nicht mehr in den Bereich der Phantasie, sondern ist eine reale wissenschaftliche und technisch-ökonomische Aufgabe der nächsten Zukunft, man kann sagen des bevorstehenden Jahrzehnts.[1])

Vom Standpunkt der Metallforschung aus stellt der Kosmos ein von der Natur selbst geschaffenes gigantisches Laboratorium extremer Bedingungen dar.

Im Kosmos existieren Magnetfelder phantastischer Stärke im Vergleich zu irdischen Bedingungen (von Hunderten und Tausenden Milliarden Oersted). In solchen Feldern verlängern sich die Atome der Stoffe längs des magnetischen Feldes zu dünnen Nadeln, und die Materie wird stark zusammengedrückt. Infolge der gestreckten Atome bildet sich ein Kristall mit sehr großer Bindungsenergie und extrem hoher Schmelztemperatur (bis eine Million Grad) [74].

Im Kosmos finden wir ein natürliches kosmisches Vakuum (Entgasung von Metallen), kostenlose Sonnenenergie (Sonnenöfen)[2]), extrem tiefe Temperaturen (supraleitende Anlagen), verschiedene Magnetfelder und Schwerelosigkeit (die Produktion ihrer Form nach „idealer" Stahlkügelchen für die Kugellager, Steuerung durch Kristallisationsprozesse). Das ermöglicht die Mischung schwer mischbarer Metalle, die Gewinnung eines leichten und festen „Schaumes" aus Stahl und anderen Legierungen durch ihre Verbindung mit Gasblasen.

In den Mondgesteinen sind bereits im Vergleich zur Erde in erstaunlich großen Mengen solche Metalle wie Chrom, Titan, Zirkon und Yttrium entdeckt worden. Chemiker, Metallurgen und Metallkundler müssen sich auf die Untersuchung und Verarbeitung der Erze des

---

[1]) In der amerikanischen Presse wurden schon ausführliche Programme für Produktion und Bearbeitung von Werkstoffen der Elektronik im Kosmos und eine Beschreibung technologischer Prozesse unter Bedingungen der Schwerelosigkeit usw. veröffentlicht. [71–73].

[2]) Juliot Curie glaubte, daß die Ausnutzung der Sonnenstrahlungsenergie wichtiger ist als die der Atomenergie. In Frankreich wurden bereits Sonnenöfen mit einer Leistung von 1000 und mehr kW gebaut, mit denen Metall bis zu 1 t im Vakuum auf annähernd 4000 °C erhitzt werden kann.

Mondes, der Asteroiden und eines Tages auch der anderer Planeten vorbereiten. Die Bekanntschaft mit kosmischen Erzen, Metallen und Legierungen, die von der Natur selbst für die Arbeit (und „Aufbewahrung") unter härtesten extremen Bedingungen im Verlauf von Millionen und sogar Milliarden Jahren ausgesucht worden sind, ist sehr verlockend.[1])

5. Intermetallische Verbindungen.[2]) Polymorphe Metalle

Der ständig wachsende Bedarf an metallischen Werkstoffen mit verschiedenartigsten Eigenschaften zwingt dazu, die vorhandenen Reserven an neuen metallischen Materialien auszuschöpfen.

Man muß hier in erster Linie intermetallische Verbindungen und polymorphe Metalle beachten, die nur sehr wenig untersucht sind (auf Grund ungenügender Beachtung durch die Physiko-Chemiker und Metallkundler) und noch „metallisches Neuland" darstellen [75—78].

Es sind nur einige Dutzend Metalle bekannt, doch sie bilden schon einige Tausend zweikomponentige, dreikomponentige und kompliziertere intermetallische Verbindungen. In dem Maße, in dem die Untersuchungen an metallischen Legierungen ansteigen, wächst auch die Zahl der neu entdeckten Verbindungen unaufhörlich.

---

[1]) Insbesondere wird die Vermutung geäußert, daß in den Asteroiden und Meteoriten Elemente mit Ordnungszahlen 112 bis 119 gefunden werden könnten.

[2]) Der Autor verwendet im Original einen Ausdruck, dessen wörtliche Übersetzung „metallische Verbindungen" wäre. Er gibt dieser von N. S. Kurnakow 1898 eingeführten Bezeichnung den Vorzug gegenüber folgenden anderen: „intermetallische Verbindungen", „intermetallische Phasen", „geordnete Phasen", „Intermetallide", und „Überstrukturen". (Darauf verweist der Autor explizit.) Im Deutschen hat sich „metallische Verbindungen" nicht durchsetzen können. Wir benutzen statt dessen im folgenden „intermetallische Verbindungen" (vgl. z. B. G. E. R. Schulze, Metallphysik, 2. Aufl., Akademie-Verlag, Berlin 1974). (Anm. d. Herausg.)

Intermetallische Verbindungen sind neue Stoffe, die ihren Eigenschaften nach den Metallen, aus denen sie entstanden, wenig ähnlich sind. Die Ursachen dafür sind die Existenz von gemischten zwischenatomaren Bindungen (metallischen, kovalenten, ionischen) und die Verschiedenartigkeit der (in der Regel komplizierten) Kristallstrukturen. Im Unterschied zu Verbindungen mit ionischem und kovalentem Charakter überwiegen in chemischen Verbindungen der Metalle metallische Bindungen zwischen verschiedenartigen Atomen, was ihnen auch metallische Eigenschaften verleiht (metallischen Glanz, elektrische Leitfähigkeit, darunter auch Supraleitfähigkeit, positiven Temperaturkoeffizient des elektrischen Widerstands, thermoelektronische und thermoelektrische Eigenschaften, Wärmeleitfähigkeit und unter bekannten Bedingungen die Fähigkeit zur plastischen Deformation und sogar den Effekt eines „mechanischen Gedächtnisses“[1]) [75].

Für eine Reihe von Verbindungen der Metalle mit Nichtmetallen sind sogar gemischte und überwiegend metallische Bindungen charakteristisch (Boride, Karbide, Nitride, Silizide).

Gegenwärtig gibt es eine mehr oder weniger allgemein anerkannte Klassifikation intermetallischer Verbindungen nach Typen der chemischen Wechselwirkung der Komponenten und nach Strukturverwandtschaften: KURNAKOW-Verbindungen (Gold-Kupfer mit einem Verhältnis der Komponenten von 1:3 und 3:1, Sigma-Phasen in Systemen mit Rhenium, Chrom, Palladium), Verbindungen mit üblichen Valenzregeln zwischen den Atomen (vom Typ des Magnesiumstannids), Elektronenverbindungen mit konstantem Verhältnis der Zahl der äußeren Elektronen pro Atom (Beta-Messing), Nickelarsenid-Phasen und Verbindungen der Metalle mit Nichtmetallen (Hydride, Boride, Karbide, Nitride, Silizide, Metalloxide).

[1]) Bezüglich der verschiedenen Arten dieses Formgedächtniseffekts vgl. [165*]. (Anm. d. Herausg.)

Die Verschiedenartigkeit der Bindungs- und Kristallstruktur-Typen ruft bei intermetallischen Verbindungen ein breites Spektrum besonderer physikalisch-chemischer, elektrischer, Emissions-, magnetischer, optischer, mechanischer und anderer Eigenschaften hervor. Die elektrischen Eigenschaften einer Reihe solcher Verbindungen können sich von Supraleitfähigkeit in flüssigem Helium bis zu Halbleitereigenschaften bei gewöhnlichen Temperaturen ändern [75]. Intermetallische Verbindungen des Niobs mit Zinn und des Vanadiums mit Gallium besitzen phänomenale Supraleitereigenschaften [4]. Molybdändisilizid ist im Unterschied zu Molybdän in Luft bis 1700 °C stabil; für die Hexaboride der Seltenerdmetalle sind hohe Thermoemissionseigenschaften charakteristisch, und sie absorbieren auch Neutronen.

Sigma-Phasen zeichnen sich durch erhöhte Schalleitfähigkeit aus („tönende Phasen"). Die harten und spröden Sigma-Phasen sind unter den Legierungen der Übergangsmetalle verbreitet. Intermetallische Verbindungen verwendet man als Material für Blasinstrumente (Gamma-Messing), in Legierungen vom Typ Invar mit niedrigem thermischen Ausdehnungskoeffizienten (eine Verbindung des Nickels mit Eisen im Verhältnis 3:1), für Lagerlegierungen (eine Verbindung von Antimon und Zinn) [76]. Der Stoff mit der höchsten Schmelztemperatur (4215 °C) ist ein Mischkristall von Hafnium- und Titankarbid.

Andere Verbindungen zeichnen sich durch große Hitzebeständigkeit aus (Titan-Nickel, Titan-Aluminium u. a.). Verbindungen des Mangans mit Wismut oder Rhenium sind ferromagnetisch, während die Ausgangsmetalle diese Eigenschaft nicht besitzen. Verbindungen des Nickels mit Aluminium besitzen neben Ferromagnetismus Katalysatoreigenschaften. Hydride und einige andere Verbindungen sind als Energiespeicher-Stoffe interessant. Eine Reihe intermetallischer Verbindungen, insbesondere der Seltenerdmetalle, sind pyrophor. Viele solcher Verbindungen können aus Komponenten gebildet werden, die in der Natur reichlicher vorhanden sind; sie sind weniger empfindlich gegenüber Verunreinigungen und besitzen bedeutend bessere Eigenschaften als die Ausgangselemente oder qualitativ neue. Gerade aus diesen Gründen fanden Verbindungen der Elemente der III. und V. Gruppe des Periodensystems mit Halbleitereigenschaften, die sogenannten $A_{III}B_V$-Verbindungen (z. B. Aluminium mit Antimon [22]), weite Verbreitung.

Sehr interessant und eigenartig sind die mechanischen Eigenschaften der intermetallischen Verbindungen, die sich als äußerst empfindlich gegenüber einer Temperaturänderung erweisen. Unter gewöhnlichen Bedingungen zeichnen sich intermetallische Verbindungen durch sehr hohe Härte und Sprödigkeit aus, was ihre Verwendung in der Technik einschränkt. In der Metallkunde war die Meinung verbreitet, daß intermetallische Verbindungen wegen ihrer Sprödigkeit nicht zu Erzeugnissen beliebiger Form verarbeitet werden können und deshalb keine industriellen Perspektiven haben. Es zeigte sich jedoch, daß intermetallische Verbindungen nur bei gewöhnlichen Temperaturen spröde sind.[1]) Experimentelle Untersuchungen zeigten, daß sich bei Temperaturen von 70—90 Prozent der Schmelztemperatur alle intermetallischen Verbindungen wie außerordentlich plastische Körper verhalten [68]. Die grundlegende Ursache der erhöhten Plastizität der intermetallischen Verbindungen bei Erwärmung ist anscheinend eine Zunahme des „metallischen" Anteils der Bindung.[2]) Die metallische Bindung („freie" Elektronen) ist für Platzwechselvorgänge der Atome (Ionen) des festen Körpers im Raum unter Einwirkung äußerer Kräfte günstiger als die kovalente Bindung (durch Elektronen „zusammengepreßte" Ionenpaare) oder als die Ionenbindung (wie in Kochsalz).

---

[1]) Für eine etwas differenzierte Einschätzung vgl. P. Paufler, in: Intermetallische Phasen, Verlag für Grundstoffindustrie, Leipzig 1977. (Anm. d. Herausg.)

[2]) Wie z. B. G. E. R. Schulze und P. Paufler (Abh. Sächs. Akad. Wiss. Leipzig, Math.-nat. Kl. 51 (1972) Heft 5) gezeigt haben, kommen auch noch andere Ursachen in Frage. (Anm. d. Herausg.)

Es wurde auch noch eine andere wichtige und interessante Eigenschaft entdeckt. Gemeint ist das Anwachsen der Festigkeit intermetallischer Verbindungen bei Erwärmung bis zu Temperaturen, die 50—80 Prozent der Schmelztemperatur betragen, während bei plastischen Metallen und Legierungen die Festigkeit bei Erwärmung abnimmt (Abb. 12). Der Effekt ist sehr groß und beträgt zum Beispiel bei Kupfersilizid, Nickelsilizid und Kobaltsilizid einige Hundert Prozent (im Kompressionsversuch). So hat dieser Effekt, abgesehen vom großen wissenschaftlichen Interesse, eine sehr erhebliche technische Bedeutung. Er muß bei der Bearbeitung hitzebeständiger Materialien und bei der Untersuchung ihres Verhaltens unter Betriebsbedingungen berücksichtigt werden. Das Phänomen tritt ebenfalls bei Germanium, Silizium, Graphit, Siliziumkarbid und anderen Halbleitern und in einer Reihe von Metallen mit technischer Reinheit (aluminothermisches Chrom) auf [75].

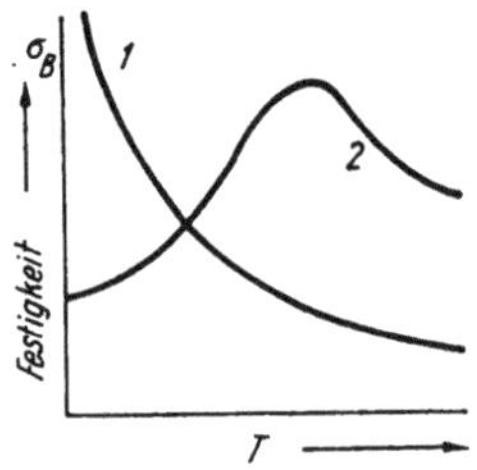

Abb. 12. Abhängigkeit der Festigkeit σ_B von der Temperatur bei Metallen und Mischkristallen (1) und bei intermetallischen Verbindungen (2)

Eine Vergrößerung der Festigkeit spröder Stoffe ist auch unter hohen hydrostatischen Drücken zu beobachten. Vor kurzem wurde bei Verbindungen von Nickel mit Titan (53—57 Prozent Nickel), von Gold mit Kadmium, von Kupfer mit Aluminium, von Kupfer mit Aluminium und Nickel und anderen der Effekt des „mechanischen Gedächtnisses“ entdeckt. Er besteht in der Fähigkeit einer Legierung, nach einer bestimmten mechanischen Deformation wiederholt nach Erwärmung die ehemalige Form zurückzuerlangen. Der Mechanismus des „Gedächtnisses“ beruht auf einer reversiblen Martensitumwandlung und ist typisch für Schichtgitter [79].

Aus der amerikanischen Presse geht hervor, daß aus solchem Material die zusammengesetzte Antenne eines künstlichen Erdtrabanten hergestellt worden ist. Sie besteht aus einem Draht, der zu einem kleinen Bund zusammengedreht ist und der nach Erwärmung im Kosmos seine frühere Form wieder annimmt. Es ist beabsichtigt, ein orbitales Radioteleskop herzustellen, dessen Antenne beim Entfalten unter dem Einfluß der Sonnenwärme im Kosmos einen Durchmesser von ungefähr zwei Kilometern erreicht.

Dieser „Gedächtniseffekt“ liefert die Grundlage, derartige Legierungen für temperaturempfindliche Geräte, für künstliche Muskeln, für Federn, für Einzelteile von Wandlern mechanischer Energie in elektrische usw. auszunutzen.

Äußerst verlockend ist es, in einer Legierung die besonderen physikalischen Eigenschaften intermetallischer Verbindungen mit der hohen Plastizität der Metalle und ihrer Mischkristalle zu vereinen. In letzter Zeit wurden einige Erfolge in dieser Richtung erzielt. Erwähnt sei die Methode des Austausches des Eutektikums durch Metalle (oder auch durch Polymere) im fest-flüssigen Zustand [22].

In der Metallkundeliteratur werden Arbeiten veröffentlicht, in denen intermetallische Verbindungen (Intermetallide nach der Terminologie der Autoren) als „Feinde“ der Metalle und Legierungen interpretiert werden. Das ist ein großer Irrtum. Intermetallische Verbindungen sind eine sehr interessante und eigenartige Klasse von Stoffen, unter denen bei allseitiger und gründlicher Untersuchung noch viel mehr Werkstoffe mit besonderen elektrophysikalischen, mechanischen und chemischen Eigenschaften gefunden werden sollten als bisher.

Es ist auch angebracht, daran zu erinnern, daß viele Eisen-, Nickel-, Titan-, Kupfer-, Aluminium-, Mangan- und andere Legierungen den Zuwachs ihrer Härte und Festigkeit nach Abschrecken und Altern der Bildung intermetallischer Verbindungen verdanken. Hartmetalle bestehen hauptsächlich (zu 90%) aus chemischen Verbindungen wie Wolframkarbiden (und in letzter Zeit aus Stickstoff- oder Zirkonkarbiden), Kobalt- oder Titankarbiden. In gewöhnlichen und speziellen Werkzeugstählen sind auch bedeutende Mengen an Eisenkarbiden (Zementit), Chrom-, Mangan-, Vanadium-, Zirkon-, Molybdän- und Wolframkarbiden enthalten. Verbindungen von Metallen mit Nichtmetallen spielen als hochschmelzende Keramik (Karbide, Silizide, Oxide), hochschmelzende elektrische Isolatoren (Oxide) und Legierungen mit besonderen physikalischen Eigenschaften (Boride, Silizide) in der Technik einer immer wichtigere Rolle.

Wie schon gesagt, befinden sich die besten Supraleiter gerade unter den intermetallischen Verbindungen. Die Aufzählung ähnlicher Beispiele, die die große wissenschaftliche und industrielle Bedeutung intermetallischer Verbindungen veranschaulichen, ließe sich noch fortsetzen.

Metalle heißen polymorph, wenn sie im festen Zustand bei verschiedenen Temperaturen (oder Drücken) verschiedene Kristallstrukturen besitzen. Temperaturpolymorphismus zeigen (Tab. 4) Beryllium, Kalzium, Strontium, Skandium, Yttrium, Lanthan, Zer, Praseodym, Neodym, Samarium, Gadolinium, Terbium, Dysprosium, Holmium, Thulium, Ytterbium, Lutetium, Thallium, Titan, Zirkon, Hafnium, Zinn, Thorium, Uran, Neptunium, Plutonium, Polonium, Amerizium, Mangan, Eisen, Kobalt und festes Helium (unter Druck) [68, 77—89].

Die industrielle Technik basiert in bedeutendem Maße auf der Ausnutzung der bei Metallen entdeckten besonderen physikalischen Eigenschaften wie Härte, Festigkeit, Warmfestigkeit, Wärmeleitfähigkeit, elektrische

Leitfähigkeit, Emissionseigenschaften, Fähigkeit zur Kernspaltung (Uran, Plutonium) und in letzter Zeit Supraleitfähigkeit.

Zur gleichen Kategorie der vom Menschen ausgenutzten physikalischen Erscheinungen und Eigenschaften gehört auch der Polymorphismus, der 1822 von E. Mitscherlich und für Eisen und Stahl vor hundert Jahren von D. K. Tschernow entdeckt wurde [78][1]).

Die Erscheinung des Polymorphismus der Stoffe (nicht nur in der anorganischen, sondern auch schon in der organischen Natur weit verbreitet) ist bisher, insbesondere bei Metallen, wissenschaftlich nicht geklärt. Ebenso ist die physikalische Ursache des Auftretens verschiedener Kristallstrukturen der Metalle noch nicht hinreichend bekannt. Nicht endgültig entschieden ist die Frage, ob physikalische Gründe für den Polymorphismus der Stoffe maßgebend sind oder ob der ganze Effekt durch Verunreinigungen und Defekte hervorgerufen wird. Warum polymorphe Metalle am meisten unter den Elementen der II., III., IV., VII. und VIII. Gruppe verbreitet sind und in der V. und VI. Gruppe des Periodensystems fehlen, ist ebenso unklar. Ohne Zweifel bestehen enge Beziehungen zwischen Polymorphismus und Änderungen der elektronischen Struktur polymorpher Metalle mit der Änderung von Temperatur, Druck oder dem Gehalt an Verunreinigungen und Zusätzen.

So ist die Frage nach der Natur des Polymorphismus eng verbunden mit der Theorie der Metalle und des festen Körpers überhaupt. Bisher stützt man sich, wie auch in anderen Bereichen der Festkörperphysik und der Metallkunde, auf experimentelle Befunde mit verschiedenen Verallgemeinerungen [22]. Man muß aber darauf hinweisen, daß die Entwicklung der thermodynamischen Theorie der Phasengleichgewichte (J. W. Gibbs, H. W.

---

[1]) Vgl. auch G. E. R. Schulze, in: Phasenumwandlungen im festen Zustand, herausg. v. d. AdW der DDR, VEB Deutscher Verlag für Grundstoffindustrie, Leipzig 1973, S. 9. (Anm. d. Herausg.)

Tabelle 4

Polymorphe Metalle

Metall	Struktur der polymorphen Modifikationen bei			Anzahl der Modifikationen	Temperatur der polymorphen Umwandlung in °C
	tiefer	mittlerer	hoher		
		Temperatur			
Beryllium	hdP	—	krz	2	1254 ± 5
Kalzium	kfz	—	krz	2	464 ± 4
Strontium	kfz	hdP	krz	3	215, 605
Skandium	hdP	—	krz (wahrsch.)	2	1335
Yttrium	hdP	—	krz	2	1479 ± 6
Lanthan	hdP	kfz	krz	3	310 ± 5, 220 ± 20, 861 ± 5
Zer	hdP	kfz	krz	4	−96 ± 4, 157 ± 4, 168 ± 7, −23 ± 3, 726 ± 5
Praseodym	hdP	—	krz	2	795 ± 3
Neodym	hdP	—	krz	2	855 ± 9
Samarium	rhomboedrisch	—	krz	2	924 ± 7
Gadolinium	hdP	—	krz	2	1260 ± 2
Terbium	hdP	—	krz	2	1287 ± 4
Dysprosium	hdP	—	krz	2	1384 ± 8
Holmium	hdP	—	krz	2	1428 ± 14
Thulium	hdP	—	krz*)	2*)	> 1004
Ytterbium**	hdP	—	krz	2	792 ± 5
Lutetium	hdP	—	krz*)	2*)	> 1400
Thallium	hdP	—	krz	2*)	232
Titan	hdP	—	krz	2	885
Zirkon	hdP	—	krz	2	863
Hafnium	hdP	—	krz	2	1310
Zinn	Diamantgitter	— —	tetragonal	2 2	13, es ändert sich der Typ der Bindung
Thorium	kfz	—	krz	2	1400
Uran	rhombisch	tetragonal	krz	3	667, 775
Neptunium	rhombisch	tetragonal	krz	3	278, 540
Plutonium	monoklin	tetragonal u. a.	krz	6	119, 218, 310, 450, 472

Fortsetzung
Tabelle 4

Metall	Struktur der polymorphen Modifikationen bei tiefer	mittlerer Temperatur	hoher	Anzahl der Modifikationen	Temperatur der polymorphen Umwandlung in °C
Polonium	tetragonal	–	kfz	2	75
Amerizium	hexagonal	–	kfz	2	–
Mangan	komplexkubisch	komplexkubisch	krz	3	742, 1080
Eisen	krz	kfz	krz	3	910, 1405
Kobalt	hexagonal	–	kfz	2	350, 470
Helium (fest)	hexagonal	–	kfz	2	14, 9 K (unter Druck)

*) Existenz noch umstritten. (Anm. d. Herausg.)

**) Wahrscheinlich sind die übrigen Seltenerdmetalle Promethium und Erbium ebenfalls dimorph. Der Polymorphismus von Europium ist nicht geklärt.

Roozeboom, N. S. Kurnakow), die eine intensive experimentelle Untersuchung der Systeme zur Folge hatte, das tiefere Eindringen in die Erscheinung des Polymorphismus ermöglichte.

Der Polymorphismus von Eisen ist einem breiten Kreis von Metallkundlern und Spezialisten der Wärmebehandlung geläufig und wird von ihnen täglich ausgenutzt. Weniger bekannt ist jedoch, daß es außer Eisen noch mehr als 30 Metalle gibt, die Temperaturpolymorphismus besitzen (siehe oben). Außerdem gibt es auch Polymorphismus unter Druckeinfluß. Diesen zeigt eine Reihe von Metallen: Wismut, Antimon, Kadmium, Lithium, Zäsium, Rubidium, Quecksilber, Barium, Gallium, Zink und andere. Bestimmte Metalle (Wolfram, Chrom,

Nickel u. a.) können einen für sie nicht charakteristischen Typ der Kristallstruktur besitzen, wenn sie elektrolytisch hergestellt werden. Vorwiegend erhält man dabei den hexagonalen Strukturtyp.

Offenbar werden deswegen mitunter Wolfram und Chrom zu den polymorphen Metallen gerechnet, aber das ist nicht richtig. Es gibt Gründe, anzunehmen, daß einige dieser Strukturen in Wirklichkeit Strukturen von Metallwasserstoffverbindungen entsprechen. Einige Metalle (Tantal) neigen in dünnen Schichten zu Polymorphismus. Bekanntlich weist eine Reihe Metalle (Lithium, Natrium, Kobalt, Zer) Tieftemperaturpolymorphismus auf [68].

Die Zahl der polymorphen Metalle vergrößert sich um diejenigen Seltenerdmetalle und Transurane, die in reiner Form hergestellt und deren Kristallstrukturen bei verschiedenen Temperaturen genauer untersucht werden können. So zeigt ungefähr die Hälfte aller bekannten Metalle Temperaturpolymorphismus. Die Metallkunde kann an dieser Tatsache nicht vorbeigehen, da sich der Polymorphismus, wie das das Beispiel des Eisens demonstriert, grundlegend auf alle Eigenschaften der Metalle und Legierungen auswirkt, aber noch wenig in der Technik ausgenutzt wird.

Interessant und wichtig ist die Frage nach Möglichkeiten zur Stabilisierung dieser oder jener polymorphen Modifikation unter bestimmten Bedingungen, eine Frage, die umfangreich und kompliziert ist. Die wesentlichen Einflußgrößen sind thermodynamische wie Druck, Temperatur und Konzentration.

Der Einfluß von elektromagnetischer und korpuskularer Strahlung auf den Polymorphismus ist noch nicht vollkommen geklärt. Druck stabilisiert offenbar die dichtere metallische Phase [80]. Deshalb wird in Eisen unter Druck die $\gamma \rightarrow \alpha$-Umwandlung behindert und die $\alpha \rightarrow \gamma$-Umwandlung beschleunigt [81].

Eine plastische Deformation beschleunigt anscheinend den Verlauf polymorpher Umwandlung [82, 83]. Die Temperatur stabilisiert auf Grund des Strebens der Körper zu kleinerer freier Energie die weniger dichte Modifikation, also hauptsächlich die kubisch-raumzentrierte, wie 1950 gezeigt werden konnte [84]. Der Einfluß der Legierungszusätze anderer Elemente auf die Temperatur und die Richtung des polymorphen Übergangs ist mit der Lage der Partnerelemente im Periodensystem korreliert. Bisher sind hier keine quantitativen Beziehungen formuliert, aber es ist bekannt, daß in der Regel die Elemente, die rechts vom gegebenen polymorphen Metall liegen, das heißt solche mit höherer Ordnungszahl, seine Hochtemperaturform stabilisieren.

Wenden wir uns den Effekten des Polymorphismus und seiner technischen Nutzung zu. Nach der Phasenregel muß der polymorphe Übergang im reinen Metall (invariantes Gleichgewicht) bei einer festen Temperatur vor sich gehen. Für technisch reine Metalle verläuft er wegen der Verunreinigungen in einem bestimmten Temperaturintervall. Folglich muß die Größe dieses Intervalls proportional dem Verunreinigungsgrad des Metalls sein.

Polymorphe Metalle wie Titan, Zirkon, Hafnium, Skandium, Eisen, Mangan und einige andere, sind ungeachtet des relativ hohen Schmelzpunktes bei hohen Temperaturen nicht warmfest, da sich bei den Umwandlungstemperaturen (Größenordnung 700—1000 °C für diese Metalle) die Struktur ändert und schnell die Fähigkeit verlorengeht, äußeren Kräften Widerstand zu leisten. Gerade deshalb können die warmfesten Legierungen auf der Basis von nichtpolymorphem (monomorphem) Nickel lange Zeit bei Temperaturen über 9000 °C eingesetzt werden, während Legierungen auf der Grundlage der oben genannten polymorphen Metalle, obwohl sie noch schwerer schmelzbar sind, nur bei 500—700 °C brauchbar sind.

Deshalb ist für polymorphe Metalle die Temperatur der allotropen Umwandlung ein zuverlässigeres Kriterium der Warmfestigkeit als die Schmelztemperatur.

Die Aussage läßt sich auch vollständig auf Abschätzung der Stabilität von Metallen gegen Rekristallisation anwenden. Die Analyse des umfangreichen experimentellen Materials hat gezeigt, daß das Verhältnis von Rekristallisationstemperatur zur Temperatur des polymorphen Übergangs niemals 0,7—0,9 übersteigt und nicht von der Schmelztemperatur abhängt [90]. Das Rekristallisationsdiagramm eines polymorphen Metalls muß man als Gesamtheit von Rekristallisationsdiagrammen jeder Modifikation betrachten, wobei die Tieftemperaturmodifikation immer feinkörnig und die Hochtemperaturmodifikation grobkörnig ist [77].

Eine außerordentlich wichtige Besonderheit polymorpher Metalle, die in breitem Maße in der Technik ausgenutzt wird, ist die unterschiedliche Löslichkeit anderer Elemente in den verschiedenen Modifikationen. Bekanntlich beruht zum Beispiel jede Wärmebehandlung des Stahls auf der unterschiedlichen Löslichkeit der Hoch- und Tieftemperaturmodifikation von Eisen für Kohlenstoff und Legierungselemente.

In den letzten Jahren wurde die thermomechanische Behandlung entwickelt. Sie beginnt nun, in der Industrie Eingang zu finden. Bei dieser Art der Bearbeitung entsteht die Verfestigung durch Überlagerung plastischer Deformation und polymorpher Umwandlung. Die thermomechanische Behandlung erlaubt, die Zugfestigkeit bei legiertem Konstruktionsstahl bis 280 kp mm^{-2} zu erhöhen gegenüber 200 kp mm^{-2} nach gewöhnlicher Wärmebehandlung [13, 78, 91, 92].

Die Löslichkeit polymorpher und monomorpher Metalle im festen und flüssigen Zustand kann anscheinend anhand bekannter Kriterien zur Löslichkeit abgeschätzt werden. Dabei muß jede polymorphe Modifikation als selbständige Komponente betrachtet werden.

Die physikalisch-chemische Wechselwirkung und folglich auch die Form des Zustandsdiagrammes hängt in erster Linie von der Lage der Elemente im Periodensystem, vom Typ der Kristallstruktur und vom Atomgrößenunterschied ab. Elemente lösen sich gut ineinander, wenn sie im Periodensystem benachbart sind, das heißt ähnliche Elektronenkonfiguration und gleiche Kristallstruktur besitzen und sich in den Atomdurchmessern um nicht mehr als 8—12 Prozent unterscheiden. Demgegenüber lösen sich Elemente mit großen Unterschieden in diesen Merkmalen gegenseitig schlecht. Sie neigen dann stark zur Bildung chemischer Verbindungen, wobei verschiedene Arten von Mischbindungen zwischen den Atomen, von metallischen bis rein ionischen, auftreten. In letzter Zeit haben Löslichkeitsdiagramme (Elektronegativität als Funktion des Atomradius) eine größere Verbreitung gefunden [5].

Die oben angeführten Merkmale der Mischkristall- oder Verbindungsbildung der Komponenten sind halbempirisch gewonnen und werden in einigen Tausend experimentell überprüfter Systeme mit einer Wahrscheinlichkeit von rund 75 Prozent eingehalten [22]. Folglich berücksichtigen sie nicht die Gesamtheit der physikalisch-chemischen Faktoren, die die Bildung metallischer Phasen beim Legieren beherrschen. Hierher gehört in erster Linie die Umverteilung der Elektronen bei der Legierungsbildung.

Heute liegen unumstrittene Belege dafür vor, daß bei der Temperatur der polymorphen Umwandlung Eisen, Titan und Zirkon [82, 83] in den superplastischen Zustand übergehen (die Dehnung erreicht 500%). Es ist notwendig, dies auch bei anderen polymorphen Metallen zu prüfen.

Die unterschiedliche Kristallstruktur der Modifikationen eines polymorphen Metalls ruft bei ein und demselben Metall verschiedene physikalisch-mechanische Eigenschaften hervor. Wegen des Strebens zu kleineren Energien haben die Hochtemperaturmodifikationen der polymorphen Metalle immer einfachere Kristallgitter als die Tieftemperaturmodifikationen. Das sind nur die kubisch-raumzentrierten und kubisch-flächenzentrierten Strukturen. Diese begünstigen Verschiebungen der Atome relativ zueinander, ohne daß die Bindung zwischen ihnen während plastischer Deformation gestört wird. 1950 wurde die Plastizitätsregel der Hochtemperaturmodifikationen polymorpher Metalle formuliert [84]. In Übereinstimmung mit dieser Regel ist die bei der höchsten Temperatur existierende Modifikation infolge Bildung eines kubischen Gitters und vollständig metallischer Bindung zwischen den Atomen am besten zur plastischen Deformation geeignet.

Diese Regel zeigt unmittelbar die optimalen Temperaturintervalle einer Warmumformung von polymorphen Metallen und Legierungen durch Druck (Schmieden, Walzen, Pressen). Offensichtlich ist es bei sonst gleichen Bedingungen zweckmäßig, eine Bearbeitung im Existenzbereich der Hochtemperaturform durchzuführen, wo das Metall plastisch ist (Abb. 13).

Der Zuwachs der Verformbarkeit eines Metalls auf Grund eines polymorphen Übergangs ist besonders dort nutzbringend, wo die Tieftemperaturform eine komplizierte Kristallstruktur besitzt (Mangan, Uran, Plutonium) [68, 84].

Die α-Tieftemperaturform von Uran mit einem komplizierten rhombischen Gitter ist halbspröde; die kubische

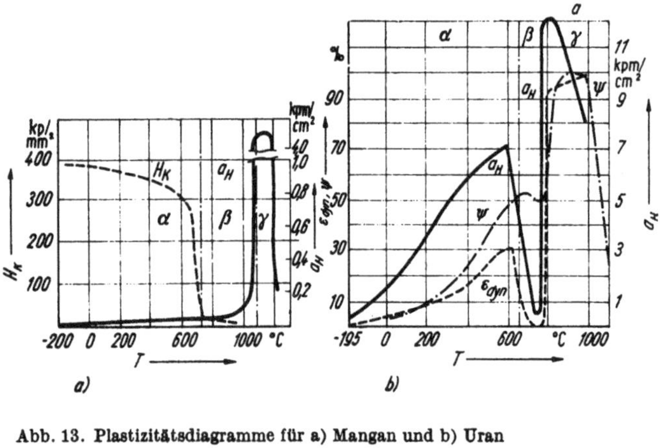

Abb. 13. Plastizitätsdiagramme für a) Mangan und b) Uran

Hochtemperaturform γ (oberhalb 775 °C) erinnert hinsichtlich ihres Formänderungsvermögens an einen teigartigen Stoff. Das plastische „weiße" Zinn ist seine Hochtemperaturform, während die sich bei weniger als 18 °C als sogenannte Zinnpest bildende „graue" Modifikation von Zinn nicht zu den Metallen, sondern zu den Halbleitern gehört und festes sprödes Pulver darstellt. Das ist ein anschauliches Beispiel für den entscheidenden Einfluß des Bindungstyps auf die physikalischen Eigenschaften der Metalle.

Nach dieser Regel lassen sich plastische Legierungen aus unter gewöhnlichen Bedingungen spröden polymorphen Metallen herstellen. Zu diesem Zweck sind dem polymorphen Metall Zusätze solcher Metalle hinzuzufügen, die die plastische Hochtemperaturform bei gewöhnlichen Temperaturen stabilisieren. Zum Beispiel erhielt S. F. Schemtschuschny schon 1906 „schmiedbares" Mangan, nachdem er 3 Prozent Kupfer zugefügt hatte. Wie wir jetzt wissen, stabilisiert Kupfer die plastische Phase von Mangan bei gewöhnlichen Temperaturen. Einen ebensolchen Einfluß auf Mangan haben Zusätze von Eisen, Nickel und Zink [68].

Große industrielle Bedeutung haben austenitische Stähle, in denen durch entsprechende Zusätze (Nickel, Mangan u. a.) das bei hohen Temperaturen existierende γ-Eisen stabilisiert wird. Die Stabilisierung der kubischflächenzentrierten Austenitstruktur ist eine der grundlegenden Methoden, die Kaltsprödigkeit von α-Eisen zu unterdrücken, das bekanntlich die für kaltspröde Metalle typische kubisch-raumzentrierte Struktur besitzt. Ein Abschrecken oder Stabilisieren der β-Modifikation von Beryllium mit kubisch-raumzentriertem Gitter empfiehlt sich für die Unterdrückung der Sprödigkeit von Beryllium, die durch Sauerstoff hervorgerufen wird. Das Abschrecken von Hochtemperaturmodifikationen (durch Anblasen mit Helium oder Argon) wird beim Ziehen von Einkristallen aus polymorphen Seltenerdmetallen genutzt. Die Stabilisierung der Hochtemperaturform von Zirkondioxid und Aluminiumoxid für Kanäle der MHD-Generatoren durch Yttrium oder Zeroxid (es bilden sich Mischkristalle) beseitigt die polymorphe Instabilität von ZrO_2 und Al_2O_3 und erhöht ihren Widerstand gegenüber Wärmeschock entscheidend.

Die Existenz verschiedener physikalischer Eigenschaften bei den Modifikationen eines polymorphen Metalls (elektrischer Widerstand, thermische Ausdehnung, magnetische Eigenschaften, Thermoemission, Supraleitfähigkeit usw.) gibt die Möglichkeit, Legierungen mit gewünschten physikalischen Eigenschaften auf der Basis polymorpher Metalle zu entwickeln. Diese Frage ist jedoch, außer bei den magnetischen Legierungen auf α-Eisen-Basis, fast nicht untersucht. Natürlich kann man Legierungen mit besonderen physikalischen Eigenschaften nicht nur durch derartige Stabilisierung von Hochtemperatur-, sondern auch von Tieftemperaturmodifikationen erhalten. Es ist interessant, daß sich bei Annäherung an die Temperatur des polymorphen Übergangs bei einigen Metallen die charakteristische Temperatur, magnetische Kenngrößen und die Elastizitätsmoduln zu ändern beginnen.

Als markantes Beispiel für den entscheidenden Einfluß des Polymorphismus auf physikalische Eigenschaften der Metalle kann Plutonium mit sechs verschiedenen Kristallformen dienen [2, 85—89]. Zwei von ihnen zeichnen sich durch anomale Eigenschaften wie negativen thermischen Ausdehnungskoeffizienten aus (mit wachsender Temperatur dehnt sich das Metall nicht aus, sondern zieht sich zusammen). Der polymorphe Übergang zwischen den beiden Modifikationen, die bei den höchsten Temperaturen existieren, ändert die Dichte besonders stark von 17, 77 auf 19,82 g cm^{-3}, das heißt um mehr als 10 Prozent. Diese Besonderheit wird bei der Konstruktion von Einzelteilen aus Plutonium ausgenutzt. Verhältnismäßig geringe Zusätze bestimmter Metalle stabilisieren die gewünschten polymorphen Modifikationen von Plutonium [85—89].

Neun polymorphe Metalle, nämlich Titan, Zirkon, Hafnium, Thorium, Uran, Thallium, Zinn, Lanthan und Quecksilber, gehören zu den Supraleitern. Jede Modifikation hat ihre eigene Sprungtemperatur in den supraleitenden Zustand, wobei die Hochtemperaturmodifikationen eine höhere Sprungtemperatur besitzen als die Tieftemperaturmodifikationen [4, 78].

Zwischen kritischen und polymorphen Kenngrößen polymorpher Supraleiter wurde eine definierte Beziehung gefunden (Titan, Zirkon, Hafnium, Uran) [4]. Eine bedeutende Zahl supraleitender Systeme mit lückenloser Mischbarkeit im festen und flüssigen Zustand ist bekannt, bei denen die Mischkristalle bei Abkühlung der Legierungen zerfallen. Das wird durch den Polymorphismus einer oder beider Komponenten verursacht. Solche Systeme entstehen beim Legieren von Elementen der Gruppe V A und VI A mit polymorphen Metallen der Gruppe IV A. Am weitesten sind schon die Supraleitereigenschaften der Legierungen von Nickel mit Zirkon und Titan untersucht [4].

Bei Abkühlung bis zu Temperaturen des flüssigen Heliums sind anscheinend eine Reihe supraleitender Verbindungen polymorphen Umwandlungen, einige anderen Phasenumwandlungen ausgesetzt.

Wenn man über die Effekte des Polymorphismus spricht, ist es wohl zweckmäßig, daran zu erinnern, daß nach Meinung einer Reihe von Forschern Erdbeben mit polymorphen Umwandlungen der Stoffe in der Erdkruste und im Erdmantel unter gewaltigen Drücken verbunden sind.

Die Plastizitätsregel erlaubt, die Kristallstruktur der Modifikationen eines polymorphen Metalls mit der höchsten Temperatur vorauszubestimmen, wenn diese noch nicht bekannt ist. Die Kristallstruktur sollte kubisch, vorzugsweise raumzentriert sein. Das konnte am Beispiel einer Reihe von Seltenerdmetallen und Transuranen bestätigt werden [68, 77].

Die Plastizitätsregel gestattet, bereits jetzt die Kristallstruktur der Hochtemperaturform aller polymorphen Transurane und Seltenerdmetalle vorauszusagen, die bisher nur in kleinen Mengen hergestellt wurden und deren Kristallstruktur experimentell noch nicht bestimmt worden ist (Curium, Berkelium[1]), Kalifornium, Einsteinium, Fermium, Mendelevium, Nobelium, Lawrenzium. Es gibt viele Gründe anzunehmen, daß alle (oder fast alle) Seltenerdmetalle und Transurane polymorph sind. Scheinbar ist diese Regel auch für eine Reihe anorganischer Verbindungen richtig. So zum Beispiel sind die Disilizide der Seltenerdmetalle dimorph. Ihre Tieftemperaturmodifikation kristallisiert rhombisch, die Hochtemperaturmodifikation besitzt ein kubischraumzentriertes Gitter.

Metallkundler und Physiko-Chemiker müssen ihre wissenschaftliche Arbeit auf dem Gebiet des Polymorphismus der Metalle, Legierungen und Verbindungen noch weiter ausdehnen. Gleiches gilt für das Problem der effektiven Nutzung des Polymorphismus aller polymorphen Metalle und nicht nur von Eisen in der Technik.

6. Seltene Metalle (Seltenerdmetalle, Rhenium, Edelmetalle)

Das folgende Hauptproblem der Metallkunde, das auch die Metallvorräte betrifft, ist das mit den Chemikern, Metallurgen, Technologen, Physikern und Konstrukteuren gemeinsame Problem, die Erze, besonders die der seltenen Metalle und Seltenerdmetalle, rationeller und komplexer zu nutzen und zu verarbeiten und durch geringe Zusätze von seltenen Metallen und Seltenerdmetallen die Struktur und die Eigenschaften von Legierungen aus den herkömmlichen Metallen wirksam zu verbessern [90].

---

[1]) Für Berkelium wurde das vor kurzem durch den amerikanischen Wissenschaftler PETERSON und Mitarbeiter bestätigt.

Mitunter wird der Standpunkt vertreten, daß die chemisch-metallurgische Aufbereitung der Erze nicht zum metallkundlichen Fach gehört, sondern Aufgabe der Metallkundler nur sei, Legierungen aus von den Metallurgen erzeugten Metallen zu entwickeln. Das ist falsch. Der moderne und weit mehr noch der „zukünftige“ Metallforscher muß sich mit der gesamten technologischen Kette der Metallverarbeitung, angefangen beim Erz bis hin zur Metallkonstruktion, beschäftigen. Dabei muß ein schöpferischer Kontakt zwischen Instituten, Konstruktionsbüros und Betrieben bestehen und ihre Forschungs- und Entwicklungspläne müssen koordiniert sein. Das ist leider zur Zeit nicht immer der Fall, ist jedoch, durch viele Argumente belegbar, für die rationelle technisch-ökonomische Metallverwertung unbedingt notwendig.

In einigen Fällen konnte ein Metall bei der chemisch-metallurgischen Verarbeitung von Beimengungen anderer Metalle gereinigt werden, die dann bei der Erzeugung von Legierungen wieder zugesetzt werden (z. B. Vanadium in Titan). Das erhöht sowohl den Arbeitsaufwand als auch die Herstellungskosten. Es kommt vor, daß bei der chemisch-metallurgischen Verarbeitung der Rohstoffe große Mengen von Schadstoffen in das Metall diffundieren, die in den natürlichen Erzen nicht enthalten waren (z. B. Kohlenstoff in Wolfram und Molybdän aus der Graphitziehdüse oder aus kohlenstoffhaltigen Bindemitteln beim Pressen und Sintern von Stäben). Um diese Verunreinigungen entfernen zu können, müssen komplizierte und kostspielige Raffinationsmethoden angewendet werden (Elektronenstrahl-Zonenschmelzen im Vakuum, Vakuumdestillation u. a.). Das Metall kann jedoch selbst damit nicht immer vollkommen von den in ihm enthaltenen schädlichen Stoffen gereinigt werden. Bei der Verarbeitung polymetallischer Erze gehen manchmal wertvolle und seltene Elemente verloren (Vanadium bei der Verarbeitung von Titan-Magnetit-Erz; Seltenerdmetalle bei der Verarbeitung von Apatit, Monazit, Loparit und einigen anderen Erzen; Rhenium bei der

Verarbeitung von Molybdänerzen und Konzentraten; ein beträchtlicher Teil von Edelmetallen bei der Verarbeitung von Nickel- und Platinrohstoffen u. a.). Das wird manchmal damit erklärt, saß Einsatzgebiete für die erschmolzenen seltenen Metalle und die Nachfrage danach fehlen. Das alles fällt eigentlich in das Arbeitsgebiet der Metallkundler.

Die moderne Technologie des Elektronen-Vakuumschmelzens ermöglicht es, in einigen Fällen reine Metalle und Legierungen durch direktes Erschmelzen aus den Oxiden und sogar den Konzentraten ohne den Reduktionsprozeß mit speziellen Desoxidationsmitteln zu gewinnen. Dazu werden der hohe Dampfdruck der Oxide und die unlängst entdeckten Monoxide der zu verarbeitenden Metalle ausgenutzt. Rohniob wird zum Beispiel durch Reduktion im Elektronenstrahl-Vakuumschmelzofen aus Niobpentoxiden und teilweise sogar aus den Konzentraten gewonnen. Durch nochmaliges Umschmelzen im gleichen Ofen wird das Rohniob als reines konditioniertes Metall dargestellt.

Schon jetzt gilt es, die Aufgabe zu lösen, das Metall direkt aus den Gesteinsmassen ohne vorhergehende Abtrennung der darin enthaltenen Minerale und ohne Anreicherung zu gewinnen.

Die zukünftigen Chemiker, Metallurgen, Metallkundler, Technologen und Konstrukteure müssen auf den Einsatz auch vollkommen neuer metallhaltiger Rohstoffe vorbereitet sein, die vom Grund des Ozeans, aus dem Erdmantel, aus Asteroiden, vom Mond und anderen Planeten stammen.

Was die Verwertung der Reichtümer des Meeresbodens und des Wassers betrifft, so ist das der natürliche und unvermeidbare Weg, den die Menschheit gehen muß, weil die Ressourcen des Festlandes teilweise schon erschöpft sind. Wasser ist das am weitesten verbreitete Mineral. Sein mittlerer Metallgehalt beträgt: Natrium 10,5 g/l; Magnesium 1,3 g/l; Kalzium 0,46 g/l; Kalium 0,38 g/l; restliche Metalle weniger als 0,001%, darunter auch Uran mit 165 kg pro (km)^3 [95]. Kürzlich wurden in weiten Gebieten auf dem Grund des Stillen Ozeans Trillionen Tonnen Eisen-Mangan-Knollen mit erhöhtem Nickel-, Kobalt- und Kupfergehalt entdeckt. In der Antarktis fand man gewaltige Vorräte metallischer Erze.

Im nächsten Jahrzehnt wird der Kontinentalschelf (Festlandsockel vor der Küste bis zu 200 Meter Tiefe), dessen Anteil an den Weltmeeren etwa 25 Prozent beträgt, an vielen Stellen in ein unterseeisches Bergwerk verwandelt werden. Bereits mehr als zehn Länder gewinnen schon aus Meereslagerstätten Ilmenit und Rutil (Titanerz), Zirkon, Phosphorite, Eisenerz, Vanadium, Gold, Platin und aus Meerwasser Magnesium und Uran [96]. Der UdSSR gehört etwa ein Drittel des Festlandschelfs der Erde. Es wurden schon Ilmenit-, Rutil- und Zirkonablagerungen in der Ostsee, dem Schwarzen und Japanischen Meer, Zinnerzablagerungen in der Laptewsee und in der Ostsibirischen See, Titan-Magnetit-Sand an den Ufern der Kurilen, Eisenerzablagerungen im Schwarzen und Asowschen Meer gefunden [97]. Der Versuchsbau zeigte, daß die Kosten für den aus dem Meer gewonnenen Erzrohstoff geringer sind als die für den auf dem Festland gewonnenen (keine Ausrichtungsarbeiten, Abraumbeseitigung usw.).

Gegenwärtig wird das technische Niveau eines Landes nicht nur durch die Menge des produzierten Gußeisens und Stahls bestimmt, sondern auch durch die der produzierten seltenen und hochschmelzenden Metalle (Abb. 14). Diese Tendenz wird künftig noch stärker werden.

Zu den seltenen, industriell ungenügend genutzten Metallen gehört die Mehrzahl der Elemente des Periodensystems (mehr als 70). Sie sind in jeder seiner Gruppen, von der I. bis zur VIII., vorhanden, haben unterschiedlichen Atombau und unterscheiden sich durch die Mannigfaltigkeit ihrer physikalischen und chemischen Eigenschaften [90].

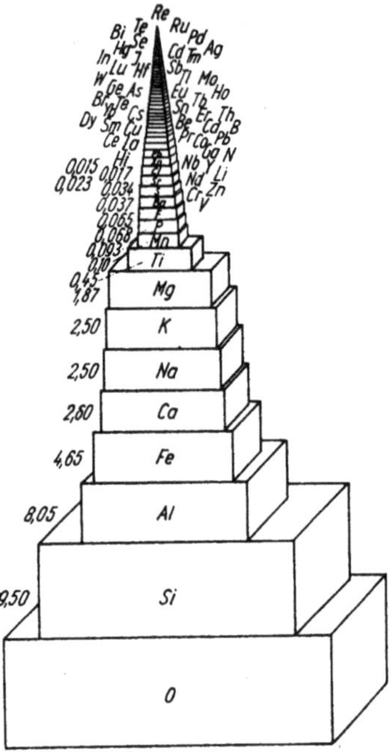

Abb. 14. Elementgehalt der Erdkruste (nach K. W. WLASOW)

Nach ähnlichen physikalischen und chemischen Eigenschaften, dem gemeinsamen Vorkommen in Erzrohstoffen und der Darstellungsart in reiner Form werden die seltenen Metalle in fünf Gruppen eingeteilt: die leichten Lithium, Rubidium, Zäsium, Beryllium, Strontium; die schwerschmelzbaren Zirkon, Vanadium, Niob, Tantal, Hafnium, Rhenium, Osmium, Ruthenium; an diese schließen sich Wolfram und Molybdän an und unmittelbar danach folgen die leichtschmelzenden Gallium (Abb. 15), Indium, Thallium u. a.; die Seltenerdmetalle Skandium, Yttrium, Lanthan und die im Periodensystem nach diesem folgenden Elemente von Zer

Abb. 15. Durch die Wärme der menschlichen Hand schmelzendes Gallium

bis Lutetium einschließlich, sowie die radioaktiven mit den natürlichen (Uran, Thorium u. a.) und den in Kernreaktoren erhaltenen künstlichen, den Transuranen, von Neptunium (Ordnungszahl 93), Plutonium (Ordnungszahl 94) bis zum Element 105.

Schon jetzt zeigt der Einsatz seltener Metalle eine gewaltige technische und ökonomische Auswirkung auf die Volkswirtschaft, und einige Industriezweige (Atom-, Halbleiter-, Supraleitertechnik) verdanken den seltenen Metallen ihre Entstehung. Das resultiert daraus, daß die seltenen Metalle besondere physikalische und chemische Eigenschaften haben, die bei den herkömmlichen Metallen fehlen, und daß sie von einmaliger Wirkung auf Eigenschaften der herkömmlichen schon lange gebräuchlichen Metalle sind. Gegenwärtig gibt es wohl noch kein Metall bzw. keine Legierung, dessen bzw. deren Struktur und Eigenschaften nicht durch entsprechende Behandlung mit geringen Zusätzen des einen oder anderen seltenen Metalls verbessert werden könnten.

Erinnert sei zum Beispiel an die grundlegende Verbesserung der Eigenschaften von Stählen aller Sorten durch geringe Zusätze von Wolfram, Niob, Vanadium, Zirkon und Seltenerdmetallen.

Der technische Fortschritt auf buchstäblich allen Volkswirtschaftszweigen hängt stark von deren Versorgung mit seltenen Metallen und ihrem überlegten wissenschaftlich begründeten Einsatz im jeweiligen Zweig ab. Die Untersuchung der seltenen Metalle, der Legierungen und Verbindungen, die Untersuchung ihrer neuen Eigenschaften, ihres Wirkungsmechanismus auf andere Materialien und ihrer effektiven industriellen Verwertung gehört gegenwärtig und zukünftig zu den aktuellsten Richtungen in der wissenschaftlichen Forschungs- und Entwicklungsarbeit.

Besondere Aufmerksamkeit muß der interessanten und wichtigen Gruppe der Seltenerdmetalle (SE-Metalle) geschenkt werden, zu der ein Sechstel der Elemente des Periodensystems gehört und die noch ungenügend untersucht ist und unzureichend genutzt wird [5, 22, 98, 99], andererseits jedoch eine Reihe einzigartiger Eigenschaften aufweist. Die Erdrinde enthält zu etwa 0,1 Prozent SE-Metalle; das ist ein viel größerer Gehalt als der an Zink, Blei, Zinn, Molybdän und Wolfram. Gegenwärtig ist es so, daß sie nach dem Auszug von Titan, Niob, Tantal oder Uran und Thorium aus Komplexerzen entweder als Abfallprodukt auf die Halde wandern oder unwiderbringlich verlorengehen, wie zum Beispiel bei der Verarbeitung von Apatit zu Dünger.

SE-Metalle sind Elemente, die im 4f-Niveau Elektronen haben. Das 4f-Niveau eines Atoms kann jedoch nur 14 Elektronen aufnehmen (Abb. 16); deshalb gibt es letztlich gerade 14 Seltenerdmetalle, die sich nur durch die Anzahl der Elektronen in diesem Niveau unterscheiden. Außerdem besitzen die Yttrium- und die Zergruppe, jede aus sieben SE-Metallen bestehend, entgegengesetzte Spins (Rotationssinn der Elektronen). Das alles macht die Seltenerdmetalle zu einem sehr inter-

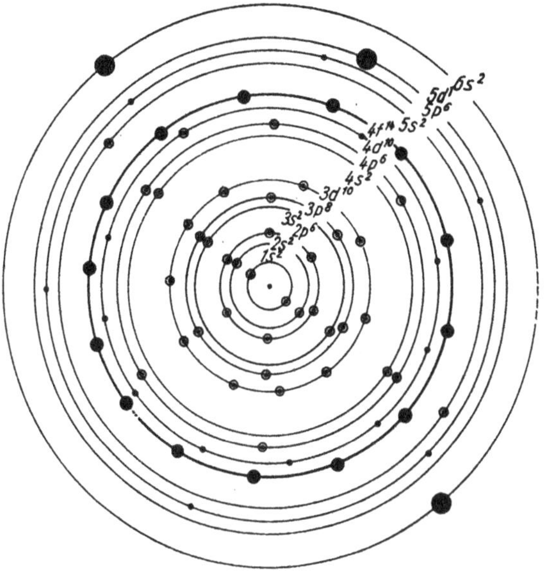

Abb. 16. Elektronenkonfiguration isolierter Atome von Seltenerdmetallen

essanten Objekt, an dem der Einfluß der Zahl der 4f-Elektronen und ihrer Spins auf Struktur, Eigenschaften und Fähigkeit zur Legierungsbildung untersucht wird [98]. Die Elektronenkonfiguration ist der wesentliche Faktor, der das natürliche Vorkommen der Seltenerdmetalle, ihre chemischen und physikalischen Eigenschaften und ihre Anwendungsmöglichkeiten in der Industrie bestimmt, obwohl natürlich die Elektronenkonfiguration in Festkörpern bedeutend komplizierter ist, wie bereits oben erwähnt wurde. Man kann sagen, daß alle Einsatzmöglichkeiten der SE-Metalle in der Chemie und Metallurgie mit ihrer Valenzschale in Verbindung stehen und sie oft legiert eingesetzt werden (in den USA 80 Prozent der erzeugten SE-Metalle), während die Verwendung als „elektronischer" (Laser und Phosphore) und magnetischer Werkstoff auf der Spezifik des 4f-Elektronenniveaus beruht, nicht von der Valenzschale abhängt und reinste SE-Metalle erfordert.

Obwohl die SE-Metalle, wie man sagt, Zwillingsbrüder sind, sollte darauf hingewiesen werden, daß sie teilweise bedeutende Unterschiede in ihren physikalischen Eigenschaften aufweisen, wie sich in ihrer Anwendung zeigt. So liegt zum Beispiel die Schmelztemperatur von Lutetium bei 1660 °C, hingegen die von Zer bei 800 °C (also etwa ein Faktor zwei); so besteht ein deutlicher Unterschied (von 10^9) im Dampfdruck von Terbium (4,9 mal 10^2 Torr) und Lathan ($1{,}4 \cdot 10^{-7}$ Torr) und in physikalischen Eigenschaften: Gadolinium ist Ferromagnet und Lanthan Supraleiter; der Einfangquerschnitt für thermische Neutronen beträgt bei Zer 0,73 Barn und bei Gadolinium 46000 Barn, deshalb wird letzteres in Kernreaktorregelstäben eingesetzt; die Dichte von Skandium beträgt 3 g/cm³ und die von Lutetium 9 g/cm³. Europium und Ytterbium haben anomale Kompressibilität. Die leichten Lanthaniden (von Lanthan bis Europium) oxidieren schon bei Zimmertemperatur und besonders leicht in feuchter Luft, während die schweren (von Gadolinium bis Lutetium) unter diesen Bedingungen beständig gegen Oxidation sind, da sie sich mit einer festen Oxidhaut überziehen [5, 101—104]. Kürzlich wurde festgestellt, daß einzelne SE-Metalle in besonders reiner Form Eigenschaften haben, die sich von den ihnen früher zugeschriebenen völlig unterscheiden (Magnetisierung von 99,999 prozentigem Gadolinium, Wärmekapazität von Erbium, Europium, Lutetium und Yttrium) [101].

Besonders wichtig ist es, weitere neue physikalische Eigenschaften von reinsten, möglichst versetzungsfreien Einkristallen aus Seltenerdmetallen zu finden (Abb. 17).

Es erscheint zweckmäßig, die theoretische — genauer die physikalisch-chemische — Seite des Problems des industriellen Einsatzes der SE-Metalle sowie ihres Wirkungsmechanismus auf Metalle und Legierungen aus anderer Sicht zu betrachten.

1960 habe ich acht Mechanismen des physikalisch-chemischen Einflusses seltener Metalle (insbesondere der SE-Metalle) auf andere Metalle und Legierungen beschrieben, gegen die in der wissenschaftlich-technischen Literatur kein Einspruch erhoben wurde [102, 103]. Inzwischen können noch weitere Mechanismen hinzugefügt werden [106]. Wir zählen einige davon auf.

Erstens ist bekannt, daß beim Zusatz von SE-Metallen zu einem beliebigen anderen Material stets ein sogenannter Modifizierungseffekt auftritt, das heißt, das Gefüge des Ausgangsmetalls wird verfeinert. Das betrifft ohne Ausnahme alle Materialien und wird besonders in Gußeisen, Stahl, in den Buntmetall- und Magnesiumlegierungen wirksam. Teilweise wird die Modifizierung der Struktur durch den Zusatz von SE-Metalloxiden, die wegen des hohen Schmelzpunktes (2800 °C) in der Schmelze als Kristallisationskeime wirken, erreicht. Noch ist diese Tatsache unzureichend geklärt. Wahrscheinlich kann die modifizierende Wirkung der SE-Metalle auf eine Änderung der Oberflächenspannung zurückgeführt werden, durch die der Kristall seine äußere Form erhält. Das wird verständlich, wenn man berücksichtigt, daß die SE-Metalle zu den oberflächenaktiven Stoffen gehören.

Kohlenstoffeinschlüsse in Gußeisen treten meist als spröde Graphitlamellen auf, und ihre Einlagerungsstellen sind mit Kerben in der Metallmatrix vergleichbar. Wenn die Graphiteinschlüsse durch die Zugabe von Zer Kugelform erhalten [5, 103], erhöht sich die Festigkeit des Gußeisens auf das Doppelte.

Das Traktorenwerk in Wladimir stellte schon mehr als 30000 Traktoren her, die anstelle der früher verwendeten Stahlwellen gekröpfte Kurbelwellen haben, aus durch Zer modifiziertem Gußeisen bestehend. Traktoren mit Gußeisenwellen arbeiten ohne Störungen in der Landwirtschaft. In Abbildung 18 wird eine gekröpfte Versuchswelle für eine Diesellokomotive gezeigt, die aus zermodifiziertem Gußeisen hergestellt wurde. Der Zerzusatz wandelt grobe Eisenoxyduleinschlüsse in fein verteilte um, was die mechanischen und technologischen Eigenschaften des Stahls wesentlich verbessert.

Der zweite Mechanismus ist die Reinigung von Stählen und Legierungen von nichtmetallischen Beimengungen wie Sauerstoff, Stickstoff, Kohlenstoff und Wasserstoff. Das ist besonders wichtig, weil, wie jetzt sicher festgestellt werden konnte, gerade diese Stoffe viele Eigenschaften von Eisen, Stahl und verschiedenen Legierungen negativ beeinflussen. Die Kaltsprödigkeit der Stähle, die arktischen Bedingungen ausgesetzt sind, zum Beispiel in Jakutien oder noch nördlicher, in der Arktis, ist ein

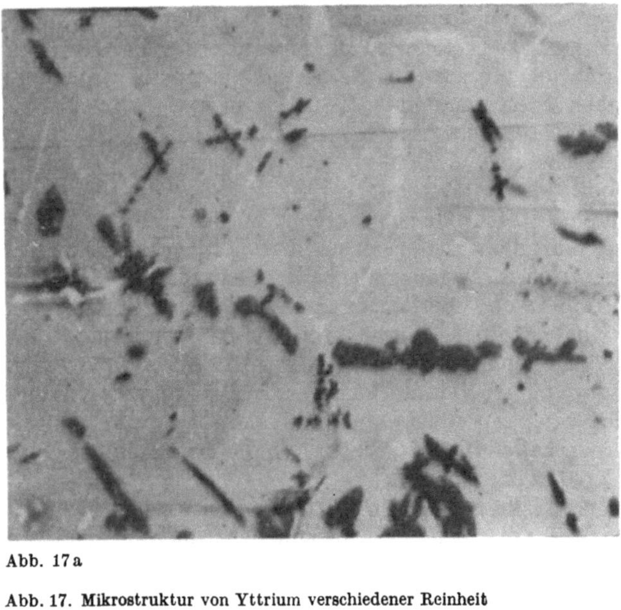

Abb. 17a

Abb. 17. Mikrostruktur von Yttrium verschiedener Reinheit

a) 98,6% (200fache Vergrößerung, schwarze Flecke sind Kalzium- und Eiseneinschlüsse, weiße sind Oxideinschlüsse)

b) 99,0% (1000fache Vergrößerung, an den Korngrenzen Oxideinschlüsse)

c) 99,9% (1000fache Vergrößerung, nach Destillation)

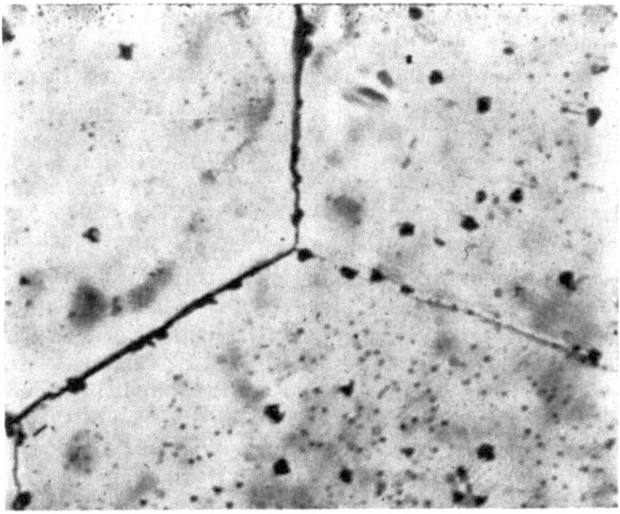

Abb. 17 b

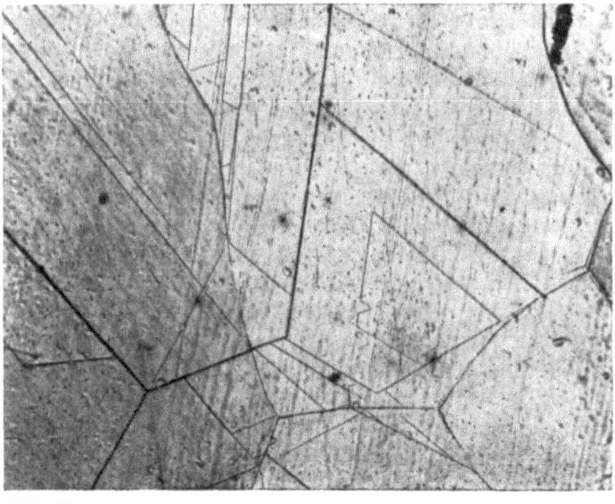

Abb. 17 c

sehr ernstes Problem, weil einfacher Stahl bei Temperaturen unter −40 °C bricht und nicht eingesetzt werden kann. Deshalb bekommen wir leider von Bau- und Transportmaschinen, die wir in nördliche Regionen liefern, oft nur Sprödbruch zurück. Allein, weil der größte Teil der Technik ungeeignet für die nördlichen Bedingungen ist, hat die UdSSR jährlich einen Verlust von 600–700 Millionen Rubel [105].

Die wesentlichen Beimengungen, die der Baustahl — und speziell seine Korngrenzen — enthält, sind nichtmetallische Einschlüsse aller Art, an denen, nebenbei gesagt, der Sprödbruch entsteht. Gereinigte Korngrenzen sind schon keine Schwachstellen mehr. SE-Metallzusätze setzen die Übergangstemperatur von Stahl in den spröden Zustand stark herab (bis −60 °C und sogar −70 °C) und erhöhen die Kerbschlagzähigkeit von 2 auf 6 kgm/cm^2 [5, 106]. Das beweisen auch die thermodynamischen Daten: Zur Bildung von Eisenoxid werden ganze 23 kcal/mol benötigt, während zur Oxidation der SE-Metalle zum Beispiel für Lanthan schon 350 kcal/mol und für Zer 400 kcal/mol notwendig sind.

Folglich bilden SE-Metalle sehr beständige Verbindungen mit Sauerstoff (Schmelzpunkt etwa 2800 °C). Für Stickstoff und, was besonders wichtig ist, die niedrigschmelzenden Verunreinigungen Schwefel, Phosphor und Arsen gilt das gleiche. Deshalb entreißt ein Stück Zer oder Ferrozer, wenn es in geschmolzenen Stahl mit Sauerstoff und anderen Gasen geworfen wird, dem Stahl den Sauerstoff und den Schwefel und geht damit in die Schlacke. Das gilt auch für andere Metalle mit kubisch-raumzentriertem Gitter, wie die schwerschmelzenden Metalle Chrom, Molybdän, Wolfram usw., deren Einsatz in Anlagen und Geräten durch ihre Tieftemperatursprödigkeit wesentlich eingeschränkt wird [29].

Beim Vakuumschmelzen entweicht ein großer Teil des Sauerstoffs in Form von Monoxiden, die einen hohen Dampfdruck haben. Es wurde damit begonnen, die Raffination flüssiger Stähle und Legierungen durch geringe

Abb. 18. Versuchskurbelwelle einer Diesellok

SE-Metallzusätze (100 g pro Tonne) in die Produktion zu überführen. Die Verwendung von SE-Metallen als Getter (Adsorbens für Restgase) in Elektrovakuumgeräten ist ebenfalls auf ihre große Affinität gegenüber Luftbestandteilen zurückzuführen.

Sehr wichtig ist der dritte Mechanismus, die Bildung von hochschmelzenden Verbindungen von SE-Metallen mit schädlichen Verunreinigungen, da niedrigschmelzende Zusätze bei Warmverformung oft den Korngrenzenzusammenhang zerstören (Rotbruch). Zum Beispiel beträgt die Schmelztemperatur von Schwefel nur 95 °C; Zer und Schwefel ergeben jedoch eine Verbindung, die erst bei Temperaturen über 2000 °C schmilzt. Der Schmelzpunkt von Phosphor liegt bei 44 °C, der der Zer-Phosphor-Verbindung aber bei 1300 °C. Dadurch werden ihre Einschlüsse unschädlich. Genauso verhält es sich auch mit Einschlüssen von Blei, Wismut, Antimon, Arsen und anderen niedrigschmelzenden Elementen in Kupfer- und Nickellegierungen [5, 14, 102].

Der vierte Mechanismus, die Strukturverbesserung der Oberflächenoxidschicht, bewirkt eine starke Zunahme der Zunderbeständigkeit der Legierungen. Am wirksamsten in dieser Hinsicht werden durch SE-Metallzusätze (besonders durch Yttrium) Eisen-, Nickel-, Chrom- und Nioblegierungen beeinflußt [103]. Einige der Schichten enthalten sogar flüssiges Metall. So erhöht zum Beispiel der Zusatz von 0,5 Prozent Zer in Nichrom die Lebensdauer der Legierung auf das Zehnfache (Heizelemente in Öfen und Heizplatten).

Günstig äußert sich durch den SE-Metallzusatz auch der Mechanismus plastischer Verformung der Legierungsmatrix. Das ist der fünfte Wirkmechanismus der SE-Metalle [103]. Einige Buntmetalle, zum Beispiel Messing, gehen unter dem Einfluß von Zerzusätzen sogar in den superplastischen Zustand über. Die Rekristallisationstemperatur erhöht sich ebenfalls. Diese Kennziffer der Stärke interatomarer Bindung ist bekanntlich sehr bedeutsam für warmfeste Metalle und Legierungen, besonders für Materialien auf Eisen-, Nickel- und Chrombasis. Erhöhung der Rekristallisationstemperatur ist der sechste Mechanismus der SE-Metall-Wirkung auf Stähle und Legierungen.

Äußerst wichtig ist die mechanische Verfestigung von Legierungen durch SE-Metallzusätze bei normalen und hohen Temperaturen. Sie beruht darauf, daß die gebildeten hochschmelzenden intermetallischen Verbindungen den Mischkristall selbst härten und weiterhin Korngrenzen durch SE-Metalloxide blockiert werden sowie Eutektika mit höherem Schmelzpunkt entstehen (siebenter Mechanismus) [5, 22, 29, 104]. Das Auftreten flüssiger Phasen ist sehr gefährlich. Das Eutektikum Aluminium-Silizium (Hauptkomponente von Aluminiumgußlegierungen) schmilzt bei 577 °C, während die eutektische Verbindung mit Zer bei 635 °C schmilzt, was eine Erhöhung der Arbeitstemperatur einiger sehr wichtiger Aluminiumlegierungen ermöglicht.

Weiterhin reinigt ein einprozentiger Yttriumzusatz die Korngrenzen und verbessert die mechanischen Eigenschaften untereutekischer Silumine. In warmfesten Magnesiumlegierungen erhöhen SE-Metalle nicht nur die eutektische Temperatur, sondern verfeinern auch das Korn des Mischkristalls, und bilden mit Magnesium verhältnismäßig warmfeste Verbindungen, die sich an den Korngrenzen anlagern und die Mischkristalle wie eine Zange zusammendrücken. Dadurch erhöht sie auch die Warmfestigkeit [90].

Sehr wichtig ist der achte Mechanismus des SE-Metall-Einflusses, der Stählen und Legierungen besondere physikalische Eigenschaften verleihen soll. Dazu gehört die Erhöhung des Neutroneneinfangquerschnitts durch Zusatz von Gadolinium und Europium [100—104] sowie die Herstellung von Legierungen auf Nickel-, Eisen- und Kobaltbasis [106], denen durch Zugabe ferromagnetischer SE-Metalle wie Samarium, Gadolinium und Dysprosium vorgegebene magnetische Eigenschaften verliehen werden.

Es sieht so aus, als ermöglichten nur SE-Metalle einen Qualitätssprung auf dem Gebiet magnetischer Werkstoffe. Heute arbeitet man in den industriell entwickelten Ländern intensiv an einer neuen Klasse von Permanentmagneten des Typs (SE-Metall) Co_5, wobei für SE-Metall Samarium, Yttrium und andere stehen. Samarium-Kobalt-Magnete haben zum Beispiel eine magnetische Energie, die in der Größenordnung von 20 Millionen Gauß · Oersted liegt (zum Vergleich: Eisen-Kobalt-Legierungen 6,5 Millionen und Platin-Kobalt-Magnete 9,5 Millionen Gauß · Oersted) bei einer Koerzitivfeldstärke von 9000 Oersted und einem CURIE-Punkt von 700 °C. Durch derartige Magnete können Gewicht und Abmessungen von Rundfunkgeräten, elektronischen Geräten, Elektronenrechnern, Steuerungs- und Navigationssystemen und Haushaltgeräten stark verringert werden. Diese magnetischen Werkstoffe sind viermal so leicht und zwanzigmal billiger als Platin-Kobalt-Material [107, 108].

Das klassische Sortiment der ferromagnetischen Stoffe (Elemente der Eisengruppe) tritt heute seinen Platz an Legierungen und zahlreichen Verbindungen der Seltenerdmetalle ab, wobei nicht nur eine umfangreiche Gruppe eigentlicher Ferromagnetika, sondern auch die der Ferrimagnetika ausgenutzt werden kann. Unter den Seltenerdmetallen gibt es sechs Ferromagnetika (bei tiefen Temperaturen), nämlich Gadolinium, Terbium, Dysprosium, Holmium, Erbium und Thulium und die vier Antiferromagnetika Zer, Neodym, Samarium und Europium sowie zahlreiche Verbindungen mit speziellen magnetischen Eigenschaften. So zeichnet sich die Yttriumgruppe der SE-Metalle durch hohe magnetische Momente aus. Das Entstehen und Verschwinden magnetischer Eigenschaften von SE-Metallen bei sehr tiefen Temperaturen (Antiferromagnetismus) beginnt, in breitem Umfang in die Gerätesteuerung Eingang zu finden. Besonders für die Übertragung von Signalen im Zentimeter- und sogar Millimeter-Bereich erweist sich diese Erscheinung für die Elektronik wichtig. Struktur und Eigenschaften magnetisch aktiver SE-Metalle und ihrer Verbindungen stellen eine neue und wichtige Aufgabe dar.

Einige Seltenerdmetalloxide und Seltenerdmetallverbindungen beeinflussen die optischen Eigenschaften und die Färbung verschiedener Glassorten stark. Sie dienen als optisch aktive Zusätze in Laserkristallen, als Leuchtstoffe in Farbfernsehgeräten, als Aktivator im Zünder von Leuchtstoffröhren, als Zusätze in Lichtbogenkohlen und pyrophoren Werkstoffen und in der Elektronik der Ferrite. Keramischen Werkstoffen verleihen sie die „Radiowellendurchlässigkeit" [106]. Wie die Gemeinschaftsarbeit des Saransker Betriebes „Swetotechnika" mit dem Institut für Metallurgie der Akademie der Wissenschaften der UdSSR zeigte, erhöht ein geringer Zerzusatz die Lebensdauer der Zünder in Tageslichtlampen auf das Zehnfache. In den USA wird jetzt verstärkt für die riesigen Lampen der Straßenbeleuchtung der transparente, feste Keramikwerkstoff „Lukalox" verwendet, der aus Yttrium- und Aluminiumoxid besteht.

In jüngster Zeit haben supraleitende Materialien und ihre technische Anwendung großes Interesse gefunden [4]. Auch hier erwiesen sich Seltenerdmetalle als überaus wertvolle technologische Zusätze und Komponenten, die sowohl die Verformbarkeit als auch die supraleitenden Eigenschaften von Kabel und Draht auf Niob-, Zirkonium- und Titanbasis verbessern. Neben Lanthan wurden viele intermetallische Verbindungen der SE-Metalle, besonders die mit Metallen der Platingruppe, bei Temperaturen des flüssigen Heliums supraleitend. Diese Verbindungen sind Laves-Phasen, das heißt, das Verhältnis ihrer Komponenten beträgt 1:2, zum Beispiel $SEPt_2$, $SERu_2$ und andere. Einige davon besitzen bei tiefen Temperaturen gleichzeitig auch noch ferromagnetische Eigenschaften. Supraleitende SE-Metalle mit einer hohen Sättigungsmagnetisierung, wie Holmium und Dysprosium, werden als Polschuhe für supraleitende Magnete verwendet, weil sie deren magnetische Eigenschaften stark verbessern. Allgemein wird es zum Zeichen unserer

Zeit, den physikalischen Eigenschaften der Werkstoffe besondere Aufmerksamkeit zu widmen.

Gegenwärtig wird eine breite Untersuchung der physikalischen, elektrischen, optischen, magnetischen, thermoelektrischen, nuklearen und anderen Eigenschaften von SE-Metall-Einkristallen und deren Verbindungen durchgeführt, um neue Ferromagnetika, Neutronenabsorber, Halbleiter, Laserkristalle, Piezogeber, Energieumformer, Leuchtstoffe usw. zu entwickeln.

Als neunter Wirkungsmechanismus der SE-Metalle kann ihr Einfluß auf den Schweißprozeß und die Qualität der Schweißnaht angesehen werden. Das ist wahrscheinlich sowohl auf die modifizierende als auch desoxidierende Wirkung der SE-Metalle zurückzuführen. Breite Anwendung findet das bereits beim Schweißen von Stählen und Buntmetallen.

Zum folgenden, dem zehnten, Mechanismus gehört die Erhöhung der Abriebfestigkeit von Roheisen (Kurbelwellen) und Stahlbauteilen wie Baggerlöffel, Kugeln für Kugelmühlen, Raupenketten von Traktoren und anderen Fahrzeugen infolge der durch SE-Metalle hervorgerufenen Strukturmodifikation und Korngrenzenreinigung von nichtmetallischen Einschlüssen [5]. Hierzu kann weiterhin die erhöhte Abriebfestigkeit der SE-Metalloxide, besonders des Zerdioxids, gezählt werden, was seine Verwendung als hochwirksames Material zum Glaspolieren (im Poliermittel) gestattet. Das ist in der UdSSR und in den USA ein grundlegendes Anwendungsgebiet der Seltenerdmetalle.

Zum elften Mechanismus gehört das Fehlen von Wechselwirkungen, die sogenannte Verträglichkeit zwischen Seltenerdmetallen und einigen radioaktiven Elementen wie Uran. So wechselwirken Yttrium und Uran nicht miteinander, so daß Yttrium als Behälter für flüssiges Uran verwendet werden kann [100].

Zum zwölften Mechanismus schließlich gehört die Stabilisierung einzelner Modifikationen polymorpher Materialien, zum Beispiel die weiter oben erwähnte stabilisierende Wirkung des Yttriumoxids auf die Hochtemperaturmodifikation des Aluminium- (oder Zirkon-) oxids. Das wird bei der Herstellung von wärmeschockstabilen Hochtemperaturisolationsstoffen für die Arbeitskanäle der MHD-Generatoren ausgenutzt [106]. Zu einem der Hauptanwendungsbereiche der SE-Metalle in den USA ist gegenwärtig ihr Einsatz als Katalysatoren bei der Erdölverarbeitung zu qualitativ hochwertigem Benzin geworden. Es handelt sich dabei um einen neuen Wirkungsmechanismus der Beeinflussung chemischer Reaktionen durch SE-Metalle. In einer Reihe von Fällen erweist sich der Einfluß der SE-Metalle auf die Struktur und die Eigenschaften der Stoffe als komplex, das heißt, es treten einige der beschriebenen Mechanismen gleichzeitig auf.

Für den effektiven, wissenschaftlich begründeten Einsatz der SE-Metalle in der Volkswirtschaft muß weiterhin ihr Einfluß auf anorganische und auch teilweise organische Stoffe (Landwirtschaft, Biologie, Medizin) geklärt werden. Positive Ergebnisse hängen hier oft von der Menge der eingesetzten SE-Metalle und der Technologie des Prozesses ab. Die notwendige, wissenschaftlich begründete Menge an SE-Metallen kann ihrerseits dem Zustandsdiagramm „SE-Metall / andere anorganische Komponente (Metall, Verbindung)“ und den thermodynamischen Daten entnommen werden. Von den SE-Metallen sind schon sehr viele wertvolle Eigenschaften und aussichtsreiche Einsatzgebiete bekannt. Es darf jedoch nicht übersehen werden, daß das nur der Anfang ist. Ohne Zweifel wird sich die Skala der bemerkenswerten Eigenschaften und der möglichen Einsatzgebiete der SE-Metalle ständig erweitern. Voraussetzung dafür sind jedoch ständig neue wissenschaftliche Untersuchungen.

Als Beispiel für effektive wissenschaftliche Forschung und schnelle Nutzung eines sehr selten vorkommenden Metalls kann Rhenium dienen. Es wurde erst 1925 entdeckt; dank des seinerzeit aufkommenden wissenschaftlichen Interesses jedoch sind die Rheniumlegierungen und -verbindungen genausogut untersucht wie viele längst bekannte Metalle [6, 22, 102, 109]. Hohe Schmelztemperatur (3160 °C), Festigkeit (115 kp/mm²), Härte, Warmfestigkeit, elektrischer Widerstand, Beständigkeit gegenüber Gaseinwirkungen, Schwingungen und der Atmosphäre sowie gegen tropische und maritime Korrosion machen Rhenium und seine Legierungen zu äußerst interessanten Werkstoffen für die Elektronik, Elektrotechnik und den Gerätebau (elektrische Kontakte, Heizgeräte, Regelkreise, Stromzuführungen, Katoden für Elektrovakuumgeräte, Ampullen für thermoelektrische Wandler auf Isotopenbasis usw.). Drehstabfedern und Verspannungen (Bestandteile von Navigationsgeräten) aus Rheniumlegierungen übertreffen qualitätsmäßig alle bisher bekannten Materialien [22]. Hauptsächlich wird Rhenium heute jedoch zur Legierung von Wolfram und Molybdän verwendet.

Rhenium ist vorläufig das einzige Metall, das als Zusatz zu Wolfram und Molybdän mechanisch sehr feste, jedoch bei normalen und tiefen Temperaturen plastisch verformbare, schweißbare Guß- und Knetlegierungen liefert. Das ist der sogenannte Rheniumeffekt, dessen Natur noch unzureichend geklärt ist [6]. Unserer Meinung nach liegt der Effekt in der Wechselwirkung dieser drei Metalle mit Kohlenstoff, der sich in festem Wolfram und Molybdän nicht völlig löst. Dadurch, daß er sich an den Kristallitgrenzen als dünne Karbidschicht bzw. noch komplizierter aufgebaute Schicht abscheidet, werden Wolfram und Molybdän spröde. Infolge breiter Löslichkeitsbereiche von Wolfram und Molybdänkarbiden mit Rhenium wird die schädlichste Verunreinigung, der Kohlenstoff, in eine unschädliche Form überführt, das heißt, er geht von den Korngrenzen in feste Lösung über [29, 110]. So ermöglicht eben Rhenium, vakuumgeschmolzenes Wolfram und Molybdän für wichtige Bauteile in der Elektronik und anderen Zweigen der modernen Technik einzusetzen. Analoge Wirkung auf die Plastizität der

Metalle der Gruppe VIA zeigen die hexagonalen Edelmetalle Ruthenium und Osmium. Deshalb (wie paradox das auch erscheinen mag) besteht die wissenschaftliche Hauptaufgabe zum Rheniumproblem angesichts seiner Seltenheit darin, Rheniumersatzstoffe bezüglich dessen Einfluß auf die technische Plastizität und die Schweißbarkeit von Wolfram und Molybdän zu finden.

Unmittelbar an das Problem der seltenen Metalle schließt sich das der Edelmetalle der Platingruppe an, die im Grunde genommen seltene Edelmetalle sind. Entgegen allgemeinen Vorstellungen werden nicht mehr als zehn Prozent dieser Metalle zu Schmuckgegenständen verarbeitet. Ihr Haupteinsatzgebiet ist die Industrie. So beträgt zum Beispiel in Japan der technische Bedarf jährlich: 12,7 t Platin, 15,4 t Palladium und etwa 130 kg Ruthenium. Diese Metalle und ihre Legierungen haben wichtige und originelle Eigenschaften [11].

Sehr wichtig ist auch, den Anwendungsbereich solcher Metalle der Platingruppe wie Palladium und Ruthenium in der Volkswirtschaft zu bestimmen. In den letzten Jahren gelang es mit Hilfe des Vakuumschmelzens, eine Reinigung der Edelmetalle und Edelmetallegierungen zu verwirklichen. Die Möglichkeiten, die die moderne chemische Technologie für die Erzeugung reiner Stoffe bietet, werden jedoch in der Produktion von Metallen der Platingruppe ungenügend genutzt, was die Erforschung ihres tatsächlichen Aufbaus und ihrer Eigenschaften erschwert. So bestand jahrzehntelang die Meinung, Osmium, Ruthenium und Iridium seien „von Natur aus spröde“ Metalle. Tatsächlich erwiesen sich jedoch Einkristalle dieser Metalle, die durch Elektronenstrahl-Vakuumreinigung gewonnen wurden, als plastisch verformbar.

Die Ergebnisse systematischer Untersuchung der Zustands- und Zusammensetzungs-Eigenschafts-Diagramme von Legierungen mit Edelmetallanteil (Abb. 19) bildeten das theoretische Fundament für die Entwicklung neuer metallischer Werkstoffe [10, 11, 34]. Legierungen auf

Platin- und Palladiumbasis, aus denen bisher hauptsächlich Schmuckgegenstände und Laborgeräte hergestellt wurden, erwiesen sich für die moderne Technik als nützlich und zukunftsträchtig. Auf Grund ihres großen elektrischen Widerstandes können sie zur Herstellung von Potentiometern mit hoher Lebensdauer (verschleiß- und korrosionsfest) im Gerätebau eingesetzt werden. So wird die Lebensdauer von elektrischen Potentiometern durch Einsatz einer Palladium-Wolfram-Legierung (PdW-20) etwa um einen Faktor 100 erhöht.

Kein Labor und kein technologischer Prozeß in der Industrie sind heute ohne automatisierte elektronische Schreib-, Steuer- und Anzeigegeräte der Typen KS-1, KS-2, KS-3, KS-4 und KV denkbar. In allen diesen Geräten bestehen die Meßdrähte aus einer Palladium-Wolfram-Legierung.

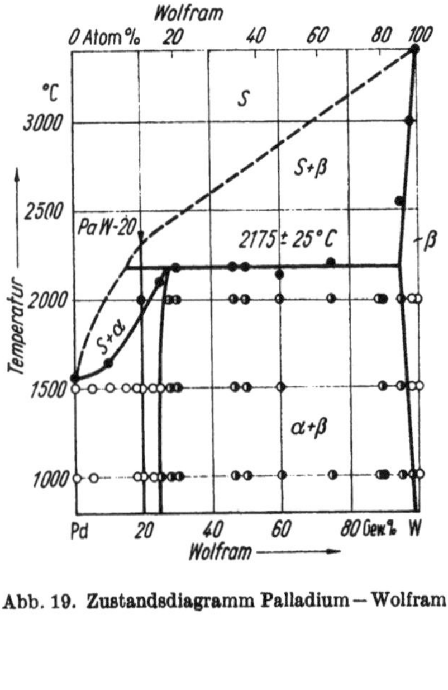

Abb. 19. **Zustandsdiagramm Palladium – Wolfram**

In allen funktechnischen Geräten und Anlagen (Rundfunkempfänger, Fernsehapparate usw.) sind stets in den Schaltkreisen einige Dutzend verschiedener Widerstände als Fest- und Regelwiderstände (Resistoren) eingebaut. Die Verwendung einer Palladium-Wolfram-Legierung anstelle anderer hat es möglich gemacht, Regelwiderstände höherer Güte zu bauen, ihre Lebensdauer bedeutend zu verlängern und die Zuverlässigkeit auf 0,999 zu erhöhen.

Die Prozeß-Beschleunigung bei der Erdölverarbeitung und die Produktionssteigerung an Halbfabrikaten beim Kracken von 40 Prozent auf 75—90 Prozent kann durch den Einsatz von Katalysatoren aus verschiedenen Palladiumlegierungen erreicht werden, die in Zusammenarbeit des Institutes für Metallurgie und des Institutes für Petrolchemische Synthese „A. W. Toptschiew" der Akademie der Wissenschaften der UdSSR entwickelt wurden.

Ruthenium besitzt interessante chemische Eigenschaften. Nach Angaben ausländischer Literatur kann es zur Darstellung von Stickstoff aus Luft unter Normalbedingungen, als Katalysator im Raketenbrennstoff usw. verwendet werden.

Um die Platinmetalle möglichst bald effektiv wissenschaftlich und industriell zu nutzen, sind chemisch-metallurgische, metallkundliche, technologische und experimentelle Arbeiten in entsprechendem Umfang erforderlich.

Zu den wichtigsten Werkstoffen für die elektronische, raketen- und kerntechnische Industrie gehören Legierungen auf der Basis der hochschmelzenden Metalle Wolfram, Molybdän, Niob und Vanadium [3]. In großem Umfange werden auch hochfeste Titanlegierungen verwendet [111, 112].[1])

---

[1]) Im Beresnikower Titan-Magnesium-Kombinat steht ein 120 Meter hoher Titanschornstein. Sein Schacht, durch den die aggressiven Gase strömen, besteht aus verschweißtem Titanblech und nicht wie üblich aus feuerfestem Gestein. Dadurch ist der Schornstein praktisch korrosionsfest.

7. Fragen der Festigkeit und Technologie von Metallen und Legierungen

Wenn über die vor den Metallforschern stehenden Aufgaben gesprochen wird, dürfen Fragen, die die Festigkeit der Metalle und Legierungen sowie die Verbesserung und umfassendere Nutzung ihrer mechanischen, technologischen und Gebrauchseigenschaften auf lange Sicht betreffen, nicht unerwähnt bleiben. Der Bedeutung und dem Umfang dieses Themas entsprechend, könnte es Gegenstand einer selbständigen Broschüre sein. Hier sollen jedoch nur die wichtigsten Entwicklungsrichtungen gestreift werden.

Für die Entwicklung des modernen Maschinenbaus ist charakteristisch, daß die Leistung pro Aggregat ständig wächst, stärkere Belastungen auftreten sowie Geschwindigkeit und Temperatur ansteigen. Das erfordert den Einsatz neuer metallischer Werkstoffe bzw. die Verbesserung der existierenden bezüglich ihrer Festigkeit, Warmfestigkeit, technologischen Verarbeitbarkeit, Schweißbarkeit, Verschleißfestigkeit sowie ihres Widerstandes gegen Ermüdung und Kerbwirkung und ihrer Korrosionsbeständigkeit. Dabei sollen alle anderen Forderungen an die physikalischen Eigenschaften der Materialien erhalten bleiben bzw. sogar noch erweitert werden (Wärmeleitfähigkeit, Ausdehnungskoeffizient u. a.). An warmfeste Werkstoffe werden hinsichtlich Temperaturbereich und Nutzungsdauer sehr hohe und verschiedenartige Anforderungen gestellt. Sie reichen von 100000 und sogar 200000 Stunden bei 450–700 °C für stationäre Dampfturbinen und Dampfkesselanlagen bis zu 30 Minuten bei 2500–3900 °C für Raketentriebwerksdüsen [21].

Das Verhalten von Werkstoffen unter hohen Temperaturen und unter Langzeitbelastung ist ein komplizierter physikalisch-chemischer Prozeß, der von der Art und der Struktur des Materials, von der Art und Weise der angreifenden Kräfte und vom umgebenden Medium abhängt [29]. Unter diesen Bedingungen können sich solche grundlegende Legierungsparameter wie Zusammensetzung, Struktur und Zahl, Anordnung und Art der Fehlstellen und zu einem gewissen Grade sogar die zwischenatomare Bindung und die elektronische Struktur ändern. Das alles kompliziert die theoretischen und experimentellen Untersuchungen in der vorgegebenen Richtung.

Das Herangehen an die Erklärung des Verhaltens von Metallen unter Hochtemperaturbelastung erfolgt auf verschiedenen Wegen — phänomenologisch, physikalisch-chemisch, metallkundlich, versetzungstheoretisch oder energetisch — je nach Spezialisierungsrichtung und wissenschaftlichem Arbeitsstil der verschiedenen Autoren [29, 66, 69, 110—119]. Auf diesem Wege haben sowjetische und Wissenschaftler anderer Länder, wissenschaftliche Mitarbeiter und Ingenieure bedeutende Erfolge erzielt, besonders wenn es um die Entwicklung neuer Legierungen und Technologien zu deren Herstellung ging. Gegenwärtig gibt es jedoch noch keine Theorie, die die Warmfestigkeit umfassend beschreibt, und leider noch kein Experiment mit anschließender Deutung von dem einen oder anderen Standpunkt aus.

So werden bis heute zur Deutung der Warmfestigkeit weder die moderne Quantenphysik, insbesondere das Bändermodell, noch die moderne Mathematik herangezogen. Zweifellos können die Kernfragen zum Warmfestigkeitsproblem nur durch die Zusammenarbeit von Metallkundlern und Physikern geklärt werden. Der Schlüssel zur Lösung des Problems besteht in der Kenntnis der elektronischen Struktur der Metalle und Legierungen sowie ihrer Änderung bei mechanischer Deformation unter Berücksichtigung des Fehlstelleneinflusses. Das gleiche gilt auch für die Entwicklung von Theorien der Zunderbeständigkeit metallischer Werkstoffe [120] und des Schutzes gegen elektro-chemische Korrosion [121].

Die Versetzungstheorie hat zweifellos viel dazu beigetragen, Fehlstellen, Verfestigung und Bruch der Festkörper zu erklären, sie bedarf jedoch weiterer Entwicklung, um solche komplizierte physikalisch-chemische Erscheinungen wie Warmfestigkeit, Plastizität und Kaltsprödigkeit quantenmechanisch berechnen zu können.

Mit den bis jetzt erzeugten Metallen wird bekanntlich weniger als ein Zehntel der theoretisch möglichen Festigkeit erreicht. Dies bedeutet, daß den Metallkundlern und Konstrukteuren noch gewaltige Reserven zur Erhöhung der Festigkeit metallischer Werkstoffe zur Verfügung stehen. So hat man sich zum Beispiel in den USA vorgenommen, in der Periode 1980—1990 eine Zugfestigkeit bei Stahl von 700 kp/mm² (bisher liegt die Zugfestigkeit hochfester Stähle zwischen 200 und 300 kp/mm²) und bei Verbundwerkstoffen von 700···1400 kp/mm² zu erreichen. Außerdem soll die Sicherheitsgrenze der Festigkeit von Konstruktionen herabgesetzt werden, indem die Eigenschaften der Werkstoffe besser untersucht und die Berechnungsmethoden für die erforderliche Festigkeit vervollkommnet werden. Im Automobilbau und im Transportwesen soll der Stahl schrittweise durch leichtere, hochfeste Aluminium-, Magnesium- und Titanlegierungen (bisher wird Titan wegen der hohen Kosten nur im Flugzeugbau in der Raumfahrttechnik und zu einem geringen Teil in der Chemieindustrie eingesetzt) sowie durch Verbundwerkstoffe ,,verdrängt" werden.

Es muß jedoch nicht nur die Zugfestigkeit der Materialien, sondern auch ihr Widerstand gegen Ermüdungsbruch erhöht werden. Bisher wurden in dieser Hinsicht erst recht bescheidene Erfolge erzielt (die Dauerschwingfestigkeit gekerbter Proben beträgt für Stahl nur 30 bis 50 kp/mm² bzw. 12—14 kp/mm² für Aluminiumlegierungen bei maximalen Zugfestigkeiten von 300—350 kp/mm² bzw. 70 kp/mm²). Der Widerstand gegen Ermüdung und Sprödbruch und die technologischen Eigenschaften der Metalle und Legierungen stehen in engem Zusammenhang mit dem plastischen Eigenschaften (z. B. soll in den USA in Zukunft die Gütekontrolle metallischer Werkstoffe nicht mehr durch Zugversuch, sondern anhand der Kerbschlagzähigkeit erfolgen).

Im allgemeinen sind hochfeste Stähle und Legierungen plastisch wenig verformbar, und meist verschwindet ihre Festigkeit an den Schweißnähten. Deshalb richtet sich gegenwärtig die Aufmerksamkeit auf eine neue Sorte von Baustählen, genauer gesagt auf Legierungen, die als „martensitisch-gealterte Stähle“ bezeichnet werden. Diese haben nach entsprechender Bearbeitung eine Zugfestigkeit von 200—240 kp/mm² und, was sehr wichtig ist, gleichzeitig eine Brucheinschnürung von 30—50 Prozent. Im abgeschreckten Zustand sind diese Legierungen äußerst fertigungsgerecht; die Verfestigung (Anlassen bei 450—500 °C) gehört zu den letzten Arbeitsgängen. Diese Legierungen enthalten 8—24 Prozent Nickel sowie Titan-, Aluminium-, Molybdän-, Kobalt- und andere Zusätze zur Bildung intermetallischer Verbindungen. Die Verfestigung wird durch den Alterungsprozeß im Martensit und der damit verbundenen „Vorausscheidung“ intermetallischer Verbindungen hervorgerufen. Bemerkenswerterweise ist der Kohlenstoff in diesen Legierungen eine schädliche Komponente, weil sich durch ihn statt intermetallischer Verbindungen Karbide bilden, was den Alterungseffekt verringert. Der Kohlenstoffgehalt ist gewöhnlich auf 0,03 Prozent begrenzt [78, 92, 122].

Metallkundler und Konstrukteure werden in Zukunft besonders für die moderne Technik die hochschmelzenden Metalle Wolfram, Molybdän, Chrom, Niob, Vanadium und deren Legierungen mehr nutzen, weil diese einen einmaligen Komplex hoher Festigkeit, Plastizität, Temperaturbeständigkeit und vieler anderer physikalischer Eigenschaften aufweisen. Legierungen für einen Arbeitsbereich bei besonders hohen Temperaturen — 1200 °C und mehr — können im allgemeinen ohne Beteiligung dieser Metalle nicht hergestellt werden [3, 29]. So haben zum Beispiel Molybdänlegierungen bei 1100 °C eine 100-Stunden-Zeitstandsfestigkeit von 25—35 kp/mm².

Die Herstellung warmfester Legierungen auf der Basis

von Metallen der Gruppe IVA für hohe Anforderungen ist, wie bereits erwähnt, prinzipiell schwierig wegen der ihnen eigenen polymorphen Umwandlung (Umordnung des Kristallgitters bei 885, 863 bzw. 1310 °C für Titan, Zirkon bzw. Hafnium) [77]. Natürlich haben die hochschmelzenden Metalle und Legierungen spezifische Besonderheiten, die bei wissenschaftlichen und technologischen Entwicklungen sowie bei Konstruktionen beachtet werden müssen; zum Beispiel sind technisch reine Metalle der Gruppe VIA kaltspröde, sehr empfindlich gegenüber interstitiellen Verunreinigungen und, wenn sie in oxidierender Atmosphäre eingesetzt werden sollen, muß ein Schutzüberzug aufgetragen werden.

Warmfeste Werkstoffe auf der Basis hochschmelzender Metalle unterscheiden sich von warmfesten Nickellegierungen und Stählen. Erfahrungswerte und theoretische Vorstellungen, die bei der Untersuchung warmfester Stähle und Nickellegierungen gewonnen wurden (insbesondere die Vorstellung, die optimale Struktur durch einen langsam alternden, hochlegierten Mischkristall zu erreichen), sind sehr hilfreich, um die warmfesten Legierungen auf der Basis hochschmelzender Metalle besser verstehen zu können. Und umgekehrt ist es möglich, mit den experimentellen Daten für hochschmelzende Metalle die Struktur und die Eigenschaften von warmfesten Eisen- und Nickellegierungen aus anderer Sicht zu beurteilen, insbesondere die eigentümliche Rolle interstitieller Verunreinigungen und der umgebenden Gasatmosphäre einzuschätzen [123].

Eine Eigenschaftsänderung der Metalle kann, wenn man sie mit anderen Elementen legiert, erreicht werden durch 1. die Bildung von Substitutionsmischkristallen, wenn Metalle zulegiert werden; 2. die Bildung von Einlagerungsmischkristallen, wenn mit Nichtmetallen legiert wird; 3. die Bildung von zweiten Phasen bei Legierung mit Metallen oder Nichtmetallen und 4. die thermische Behandlung von Gußlegierungen oder bereits verformtem Material mit dem Ziel der Erholung, der Polygonisation, der Rekristallisation, der Mischkristallhomogenisierung, der Bildung von KURNAKOW-Verbindungen bei ordnungsfähigen Mischkristallen sowie der Ausscheidung zweiter Phasen aus Substitutionsmischkristallen. In allen Fällen kann der Verfestigungseffekt, der durch Legierung und Wärmebehandlung erzielt wird, durch mechanische Kalthärtung oder Bestrahlung verstärkt werden [29].

In jüngster Zeit nutzt man besonders für Metalle mit hexagonalem Gitter die sogenannte Texturverfestigung aus, deren Ursache die bei Verformung entstehende anisotrope Texturorientierung in verschiedenen kristallographischen Ebenen ist.

Für die hochschmelzenden Metalle der Gruppe IVA (besonders Titan und Zirkon) werden alle aufgeführten Mechanismen genutzt. Auf die Metalle der Gruppe VA (hauptsächlich reines Niob und Tantal) wird, wenn auch mit einigen Einschränkungen wegen unzureichender Verformbarkeit, der erste Mechanismus angewendet, während der vierte Mechanismus sich noch im Anfangsstadium der Nutzung befindet. Für die Metalle der Gruppe VIA (technisch reines Chrom, Molybdän und Wolfram) wird gegenwärtig nicht einmal der erste Mechanismus richtig ausgeschöpft.

Kubisch-raumzentrierte Metalle, die Substitutionsmischkristalle bilden, verfestigen die Metallmatrix und erhöhen die Übergangstemperatur vom plastischen in den spröden Zustand. Die Metalle der Gruppen VA und der VIA sind fast alle sowohl im flüssigen als auch im festen Zustand lückenlos miteinander mischbar. Für binäre, lückenlose Mischkristallreihen liegt das Festigkeits- und Härtemaximum in Abhängigkeit von der Zusammensetzung nach dem Gesetz von KURNAKOW zwischen 40 und 60 Prozent (Verschiebung nach der Seite der hochschmelzenden Komponente), weil bei diesen Konzentrationen das Gitter des Ausgangsmetalls durch Legierungsbestandteile am stärksten gestört wird.

Legierungsverfestigung ist der wirksamste Verfestigungsmechanismus für hochschmelzende Metalle. So wird zum Beispiel die Festigkeit von Niob, wenn man es mit verschiedenen anderen hochschmelzenden Metallen legiert, um 500 Prozent vergrößert.

Die Verfestigung der Mischkristalle ist der Differenz der Atomradien von Matrix und Zusatz direkt proportional. Sie läßt sich als Funktion der Änderung der Gitterkonstanten ausdrücken. Bei sehr hohen Temperaturen ist der Einfluß der Legierungselemente auf die Schmelztemperatur der Metallmatrix von erstrangiger Bedeutung [3, 13, 29, 124].

Haupthinderungsgrund für den Einsatz hochlegierter Substitutionsmischkristalle auf der Basis hochschmelzender Metalle der Gruppe V A (Vanadium, Niob, Tantal) ist ihre schlechte Umformbarkeit. Deshalb wird Niob, mit höchstens 25% Wolfram, 10% Molybdän, 7% Vanadium, 5% Zirkon und 3—5% Chrom legiert. Aus dem gleichen Grunde wird der Weg, durch Legierung mit Metallen der Gruppe VI A (Chrom, Molybdän und Wolfram) zur Verfestigung zu gelangen, bisher praktisch noch nicht beschritten. Legierungen, die auf diesen Metallen beruhen, sind niedrig legierte Mischkristalle, deren Schmelzen solche Desoxidationsmittel wie Kohlenstoff, Titan, Zirkon, Vanadium, Hafnium und SE-Metalle zugesetzt werden. Die dabei zu beobachtende starke Verfestigung der Legierungen ist eine Folge der Ausscheidung disperser Einschlüsse zweiter Phase, die sich in hochschmelzenden Metallen mit interstitiellen Verunreinigungen bildet. Meist wird die zweite Phase in Form von Nitriden, Oxiden, Karbiden oder Komplexverbindungen (Oxykarbide, Oxynitride oder Oxykarbonitride) ausgeschieden.

Die disperse Karbidphase erhöht die Warmfestigkeit stärker als Oxide und Nitride.

Vielleicht die einzige Ausnahme hochlegierter Werkstoffe auf der Basis von Metallen der Gruppe VI A, die industriell bedeutsam geworden sind, bilden Legierungen der Systeme Wolfram—Rhenium, Molybdän—Rhenium und Wolfram—Molybdän (letztere wird oft auf metallkeramischem Wege hergestellt). Wie wissenschaftliche und industrielle Erfahrungen über Metalle der Gruppe IV A (Titan, Zirkonium, Hafnium) sowie V A (Vanadium, Niob, Tantal) zeigen, können die Möglichkeiten der hohen Legierung nur ausgeschöpft werden, wenn metallische Matrix und Legierungszusätze im hochreinen Zustand besonders bezüglich interstitieller Verunreinigungen verwendet werden. Ihrer Struktur nach sind die meisten Nioblegierungen vielkomponentige Mischkristalle (mit Wolfram, Molybdän, Zirkon oder Titan und anderen Metallen).

Weitere metallografische, röntgenografische und elektrochemische Untersuchungen (besonders die gemeinsam von O. B. Daschewskaja und dem Autor [119] durchgeführten) zeigten, daß einfache Nioblegierungen zu den instabilen alternden Legierungen gehören. Durch Erwärmung und Abkühlung während plastischer Deformation, während des Rekristallisationsglühens (1500 °C) oder durch Belastung bei 900—1100 °C kommt es zur Ausscheidung und Koagulation nichtmetallischer Bestandteile (Karbide, Nitride, Oxide). Die Oxide entstehen durch die Wechselwirkung der metallischen Komponenten der Legierung (besonders bei einem Zirkongehalt von 1,0—1,5%) mit interstitiellen Verunreinigungen und können deren Sprödigkeit bei Dauerbelastung hervorrufen.

Weiterhin wurde festgestellt, daß sich mit Kohlenstoffzusätzen (bis 0,15%) für die Bildung feindisperser festigkeitssteigernder Phasen des Typs (Nb, Zr, W, Mo) C bei minimalem Sauerstoff- und Stickstoffgehalt durch thermische Behandlung die Zeitstandfestigkeit von Nioblegierungen auf das 15—20fache erhöhen kann [119]. Nach Wärmebehandlung beträgt die 150-Stunden-Zeitstandfestigkeit einiger Nioblegierungen bei 1100 °C 35 kp/mm². In jüngster Zeit werden Nioblegierungen mehr und mehr anstelle des seltenen Tantals eingesetzt [125].

Ebenso effektiv ist die Wärmebehandlung für Legierungen auf Molybdänbasis [124, 126].

Die verschiedenen Arten der thermischen und thermisch-mechanischen Behandlung von Werkstücken zum Zwecke der Verbesserung von Struktur und Gebrauchseigenschaften der Erzeugnisse und Konstruktionen sind nicht nur für die hochschmelzenden, sondern buchstäblich für alle metallischen Werkstoffe aktuell, aus denen Konstruktionsteile, Werkzeugmaschinen, Transportmittel, Gasleitungen usw. hergestellt werden (Gußeisen, Stahl, Buntmetall, hochschmelzende Legierungen und Leichtmetall-Legierungen) [12—14].

In Zukunft werden Metallkundler und Technologen die Wärmebehandlung in verstärktem Maße anwenden, um die Strukturstabilität zu erhöhen, die mechanischen Eigenschaften zu verbessern und die Lebensdauer der Erzeugnisse aus metallischen Werkstoffen zu verlängern. In den gewaltigen Dimensionen der Volkswirtschaft der UdSSR bringt eine umfassende Nutzung der Vorzüge wärmebehandelter Werkstoffe Milliardengewinne.

In diesem Abschnitt soll auch auf die sogenannten Verbundwerkstoffe (oder kombinierten Werkstoffe) eingegangen werden, mit denen sich zur Zeit viele wissenschaftliche Forschungsinstitute befassen. Verbundwerkstoffe können auf folgende Art hergestellt werden: 1. durch Armierung einer duktilen metallischen Matrix mit hochfesten metallischen und nichtmetallischen Komponenten (hochschmelzende Oxide, besonders Aluminiumoxid), 2. durch Armierung einer spröden Matrix mit verhältnismäßig plastischen, hochfesten Fasern (z. B. Wolfram durch Kupfer), 3. durch Erzeugung von Mehrschichtstoffen mit abwechselnd harten und weichen Schichten durch Walzen, Pressen, Ziehen oder Drücken, 4. durch gerichtete eutektische Erstarrung, durch Substitution des Eutektikums [22]. Es gibt jedoch noch viel zu tun, um die potentiellen Möglichkeiten von Verbundwerkstoffen in Konstruktionen voll nutzen zu können, weil als „Schwachstelle“ die Grenzfläche zwischen Metall- und Nichtmetallkomponenten auftritt. Zu den Verbundwerkstoffen werden auch gesinterte Metallpulver (Eisen,

Nickel, Kupfer, Aluminium) mit feindispersen Aluminiumoxid- (SAP, SMP) oder Thoriumoxideinschlüssen (TD-Nickel) gezählt. Es können auch Verbundwerkstoffe mit besonderen anisotropen elektrischen Eigenschaften („elektrische Verbundwerkstoffe") zum Beispiel durch Kombination von Leitern (Supraleitern) und Nichtleitern hergestellt werden [22, 128].

Kürzlich wurde berichtet, daß eine amerikanische Firma einen sowohl leichten als auch festen Verbundwerkstoff entwickelt hat, aus dem Turbinenschaufeln für Strahltriebwerke produziert werden. Das Material wird in Form von Bändern geliefert, die aus Schichten von Borfasern mit Durchmesser 4 mm bestehen. Diese sind mit Siliziumkarbid bedeckt, auf das danach Aluminium aufgestäubt wurde, und von Aluminiumfolie umhüllt. Die Schaufeln erhält man durch Heißpressen solcher Bänder. In England laufen Versuche mit Zahnrädern aus Nylon, das durch Graphitfasern verstärkt ist [130]. Es gibt Berichte über die Erprobung von keramischen Schaufeln und Scheibenrädern in Versuchsgasturbinen für Autos, und es sollen auch kugelsichere Westen aus Borkabid herstellbar sein [131]. Wegen des Versuchscharakters ihrer Produktion und ihrer noch unvollkommenen Technologie halten sie gegenwärtig dem ökonomischen Vergleich mit herkömmlichen Werkstoffen noch nicht stand.

Metallkundler und Konstrukteure müssen die starke Festigkeitserhöhung, die bei Werkstoffen mit geringem Querschnitt (Whiskers, feine Fäden, Bänder, Torsions- und Spanndrähte usw.) auftritt, intensiver studieren und verstärkt anwenden. Die Ursachen der Festigkeitserhöhung sind der sogenannte Maßstabsfaktor und das extreme Verhältnis von Oberflächenenergie zum Gewicht der Probe [5, 68, 109]. Es ist interessant, daß das einfache Spinnengewebe unter allen natürlichen und synthetischen Materialien das Rekordverhältnis von Festigkeit bzw. Elastizität zum Gewicht bzw. zur Länge aufweist.

Sehr große Aufgaben stehen vor den technologisch arbeitenden Metallkundlern in bezug auf die Auswahl optimaler Bedingungen (Temperatur, Geschwindigkeit, Verformungsgrad) für verschiedene Metalle und Legierungen, die durch Schmieden, Pressen, Walzen, Ziehen und Stanzen verformt werden sollen. Das gleiche gilt für die auf diesem Weg zu schaffende optimale Kombination von Struktur und Eigenschaften metallischer Werkstoffe [67, 68, 132]. Die inländische Schule von Spezialisten auf dem Gebiet der plastischen Deformation (A. I. ZELIKOW, S. I. GUBKIN, I. M. PAWLOW, I. L. PERLIN, A. P. TSCHEKMAREW, L. V. PROZOROW, L. I. MOGUTSCHIJ u. a.) hat bei der Lösung dieser Fragen auf theoretischer und volkswirtschaftlicher Ebene große Fortschritte erzielt. Die Praxis stellt jedoch täglich neue Forderungen, besonders im Hinblick auf den weit verbreiteten Einsatz hochschmelzender, schwerdeformierbarer seltener Metalle und Legierungen sowie Materialien mit besonderen physikalischen Eigenschaften (Supraleiter, Magnetlegierungen u. a.). Vielfältige Möglichkeiten eröffnet der Einsatz von verschiedenen Plasmaprozessen und anderen starken Energiequellen in der Chemie, Metallurgie und Metallverarbeitung [136].

In der Untersuchung der Zusammensetzungs-Eigenschaftsdiagramme gibt es einige Fortschritte [68]. Dieses Arbeitsgebiet ist jedoch leider hinter der Untersuchung der Zustandsdiagramme weit zurück geblieben, weil es wenige Systeme gibt, bei denen die Änderung von Kriechdehnung, Zeitstandfestigkeit, technologischen Eigenschaften sowie mechanischen Kurzzeit-Eigenschaften über den gesamten Konzentrationsbereich und alle Phasengebiete laut Zustandsdiagramm bekannt ist. Die Bedeutung der Zusammensetzungs-Eigenschafts-Diagramme für das Auffinden von Gesetzmäßigkeiten und die Auswahl neuer Legierungen und Bearbeitungsprozesse ist kaum zu überschätzen. Das gleiche gilt auch für die Rekristallisationsdiagramme [3, 68, 90].

In Abbildung 20 ist die Änderung der Elektronenaustrittsarbeit für die Systeme Molybdän—Rhenium und Titan—Hafnium bei einem Druck von 10^{-9} atm dargestellt. Die Daten stammen aus dem Labor für hochschmelzende und seltene Metalle des Instituts für Metallurgie der Akademie der Wissenschaften der UdSSR [138]. In Mischkristallgebieten ändert sich diese thermoelektronische Eigenschaft der Legierungen nach der Mischungsregel. Es besteht offenbar eine Korrelation zwischen der Elektronenaustrittsarbeit und der plastischen Verformbarkeit der Metalle, weil beide Eigenschaften von der Packungsdichte der Atome in den einzelnen Netzebenen abhängen [31].

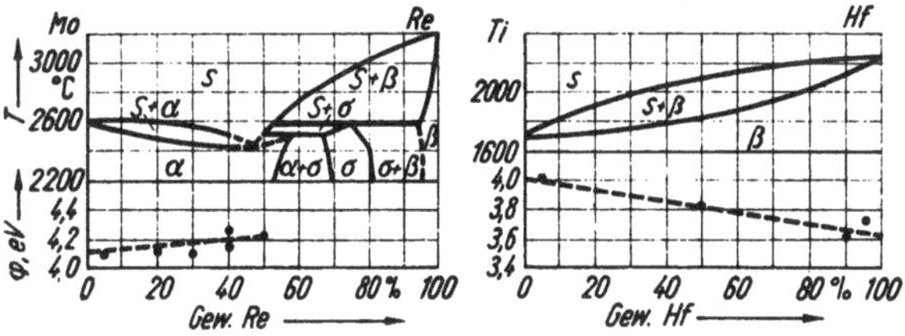

Abb. 20. Elektronenaustrittsarbeit (φ) von Molybdän—Rhenium und Titan—Hafnium

Abbildung 21 zeigt das Thermoemissionsbild eines Einkristalls einer Legierung aus Molybdän + 42% Niob, das mit einem Gerät vom Martin-Typ aufgenommen wurde. Deutlich ist darauf die Anisotropie der Austrittsarbeit der Legierung zu erkennen: Die dunklen Flecke entsprechen dem Austritt aus den dichtgepackten Flächen des kubisch-raumzentrierten Gitters (110), die die größte Austrittsarbeit haben; die hellen Flecken entsprechen locker gepackten Flächen mit geringerer Austrittsarbeit (anders ausgedrückt, mit höherer Elektronenemission). Ausführlich wird darüber im Kapitel 9 berichtet.

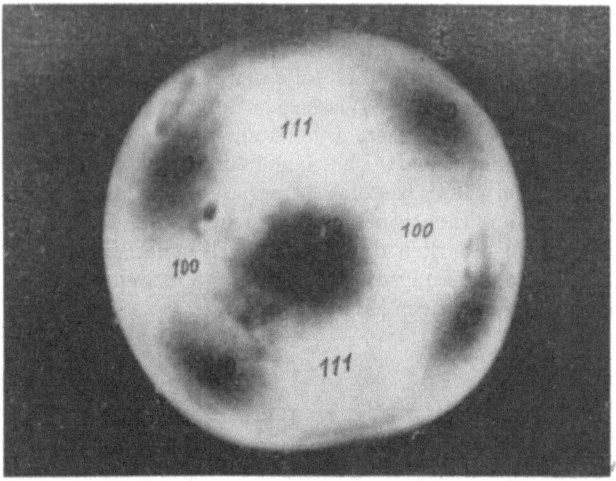

Abb. 21. Thermoemissionsaufnahme eines Molybdän- + 42% Niob-Einkristalls

8. Temperaturzonen des Sprödbruchs bei Metallen und Legierungen

Die Erklärung der Sprödbruchzonen und die Entwicklung von Vorbeugungsmaßnahmen gegen sie hat eine große wissenschaftliche und volkswirtschaftliche Bedeutung. Die Sprödigkeit wird dabei in bestimmten Temperaturintervallen (Zonen) fast bei allen technischen Metallen, Legierungen und Verbindungen beobachtet [3, 29, 68, 134]. Derartige Zonen führen zu Bruchstellen, Ausschuß und anderen unerwünschten Folgen.

Für reine Metalle, die bei Erwärmung vom absoluten Nullpunkt an keine Umwandlungen erfahren, muß wegen Verringerung der Bindungskräfte und Vergrößerung der Atom-Beweglichkeit (Wärmeschwingungen) ein ununterbrochenes Anwachsen der Verformbarkeit (nach einer exponentiellen Kurve) zu beobachten sein. Praktisch zeigt sich aber bei allen bekannten Metallen und Legierungen, die in der Industrie verwendet werden, eine nichtmonotone Temperaturabhängigkeit der plastischen Eigenschaften. In diesem Fall werden neben Temperaturintervallen mit hoher Deformierbarkeit auch solche mit sprödem Verhalten beobachtet. Das Ausmaß der Sprödigkeit hängt von der Reinheit des Materials, der Temperatur, den experimentellen Bedingungen und dem Charakter der dabei in den Metallen ablaufenden Umwandlungen ab [68]. Betrachten wir die Erscheinung der Kaltsprödigkeit [29].

Haupthindernis bei der Einführung hochschmelzender Metalle in die moderne Technik ist neben dem Oxydationsvermögen und der schlechten Schweißbarkeit ihre Kaltsprödigkeit. In einem bestimmten Temperaturintervall vollzieht sich der Übergang der hochschmelzenden Metalle aus dem plastischen in den spröden Zustand. Zum Verlust der Duktilität bei Abkühlung neigen die hochschmelzenden Metalle der Gruppen V A und besonders VI A mit kubisch-raumzentriertem Gitter. Die Metalle der Gruppe VI A und vor allem Wolfram haben besonders hohe Übergangstemperaturen in den spröden Zustand. Das klassische Beispiel für ein kaltsprödes Metall ist bekanntlich Eisen, das ebenfalls ein kubisch-raumzentriertes Gitter hat. Auch einige hexagonale Metalle sind kaltspröde: Zink, Kadmium, Magnesium, Ruthenium, Osmium (die letzten beiden sind hochschmelzend). Bei intermetallischen Verbindungen und einigen Halbleiterelementen (Germanium, Silizium) wird ebenfalls Kaltsprödigkeit beobachtet. Somit übersteigt das Problem der Kaltsprödigkeit den Rahmen der hochschmelzenden Metalle und ist eines der Hauptprobleme der Physikalischen Chemie, Metallkunde, Metallphysik und Technischen Mechanik.

Auf Grund zahlreicher Untersuchungen in- und ausländischer Wissenschaftler, die hauptsächlich in den letzten zehn Jahren durchgeführt wurden, wurde der entscheidende Einfluß von Verunreinigungen auf die plastischen und technologischen Eigenschaften der hochschmelzenden Metalle aufgedeckt [3, 22, 29, 68, 102, 139]. Es zeigte sich, daß diese praktisch immer bei geringer Löslichkeit interstitieller Verunreinigungen besonders in Metallen der Gruppe VI A (Größenordnung 0,0001% bei 20 °C) als Grenzphasen in Form von Metallverbindungen geringer Festigkeit (Oxide, Karbide, Nitride, Hydride) auftreten (Abb. 22) und zum Entstehen von Rissen entlang der Korngrenzen beitragen. Sie vermindern somit in sehr bedeutendem Maße die Plastizität und die Konstruktionsfestigkeit der Metalle bei mittleren und besonders bei tiefen Temperaturen.

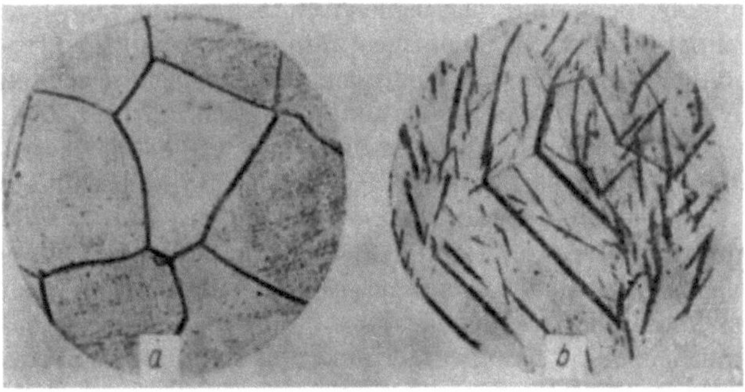

Abb .22. Änderung des Mikrogefüges von Titan in Abhängigkeit vom Wasserstoffgehalt (nach B. A. KOLATSCHEW)

a) 0,002% Wasserstoff

b) 0,05% Wasserstoff (nadelförmiges Gefüge, spröde Titanhydride)

Interstitielle Verunreinigungen in Mischkristsllen verschlechtern ebenso entscheidend die plastischen Eigenschaften der hochschmelzenden Metalle. Das ist hauptsächlich die Folge einer Bremsung der Versetzungsbewegung und einer Verringerung des Widerstandes gegenüber Rißausbreitung[1]). Bei technisch reinen Metallen

[1]) Zur Versetzungsstruktur in hochschmelzenden kubisch-raumzentrierten Metallen vgl. z. B. [162*]. (Anm. d. Herausg.)

mit kubisch-raumzentriertem Gitter kann man anscheinend annehmen, daß sich bei Abkühlung an der Übergangstemperatur ein bedeutender Anteil der metallischen Bindung in kovalente umwandelt. Als Folge davon wandelt sich das plastische Metall in ein sprödes um. Man kann auch annehmen, daß gerade bei der Übergangstemperatur die Größe der Energie der kovalenten „Bindungsbrücken" (die die interstitiellen Verunreinigungen mit der metallischen Matrix verbinden) die der Wärmeschwingungen des Gitters übersteigt, die solche „Brücken" zerstören. Die Entwicklung genauer physikalischer und chemischer Analyse- und Nachweismethoden interstitieller Verunreinigungen hochschmelzender Metalle und Legierungen wird uns in der Erkenntnis ihres Wirkungsmechanismus voranbringen. Wichtig ist, auch ihren Einfluß auf die elektronische Struktur metallischer Objekte zu klären.

Der nächste bedeutende Schritt war die Feststellung der besonders schädlichen Rolle bestimmter interstitieller Verunreinigungen und die experimentelle Ermittlung von „Versprödungsreihen", das ist die Einordnung interstitieller Verunreinigungen in eine bestimmte Reihe nach dem durch sie hervorgerufenen Versprödungsgrad hochschmelzender Metalle und Legierungen. Wegen der unterschiedlichen Löslichkeit haben Metalle der Gruppe V A und VI A unterschiedliche (sogar entgegengesetzte) „Versprödungsreihen". Die Metalle der Gruppe V A verspröden am meisten durch Wasserstoff, dann durch Stickstoff, Sauerstoff und Kohlenstoff [137]; während auf die Metalle der Gruppe VI A am stärksten Kohlenstoff, dann Sauerstoff, Stickstoff und am wenigsten Wasserstoff einwirken. Das wurde in einer gemeinsamen Arbeit von G. L. Zarew und dem Autor gezeigt [139].

Vom physikalisch-chemischen Standpunkt aus gibt es bei Metallen mit kubisch-raumzentriertem Gitter keinen Grund für das Auftreten von Temperaturintervallen der Sprödigkeit, da sich — hohe Reinheit vorausgesetzt — bei ihnen der Typ des Kristallgitters und der metallische

Bindungscharakter bei Abkühlung nicht ändern [29, 68]. Folglich ist die Sprödigkeit wegen der Verunreinigung durch interstitielle Beimengungen und der zusätzlichen Beeinflussung der Korngrenzen durch eben diese Beimengungen bei der Bearbeitung und Herstellung von Halbfabrikaten und Fertigerzeugnissen nur eine Eigenschaft von Metallen technischer Reinheit. Zyklische Wärmebehandlung ruft eine sehr tiefgreifende Änderung des Gehaltes und der Verteilung interstitieller Verunreinigungen und der kristallographischen Defekte in Wolfram, Molybdän und ihren Legierungen hervor [123, 139].

Der experimentelle Beweis der außergewöhnlichen Plastizität von zonengereinigten Einkristallen hochschmelzender Metalle mit kubisch-raumzentriertem Gitter sogar bei den Siedetemperaturen von Stickstoff (−196 °C) und Helium (−268,8 °C) war ein Triumph der physikalisch-chemischen Theorie der Metalle. Die ersten Einkristalle hochschmelzender Metalle wie Vanadium, Niob, Tantal, Rhenium, Molybdän und Wolfram wurden in den Jahren 1960 und 1961 mit Hilfe der Vakuum-Elektronenstrahlzonenreinigung hergestellt [29, 31].

Kohlenstoff verleiht nicht nur Metallen der Gruppe VI A wie Chrom, Molybdän und Wolfram Kaltsprödigkeit, sondern auch α-Eisen und dessen Legierungen mit kubisch-raumzentriertem Gitter. Sie gehen schon bei 20—40 °C in den spröden Zustand über. Indessen ist kohlenstoffarmes Eisen (Destillation, Zonenreinigung), sogar in flüssigem Helium (4,2 K) plastisch verformbar und besitzt völlig andere elektrische und magnetische Eigenschaften. So kann als sicher gelten, daß Kohlenstoff die Hauptursache der Kaltsprödigkeit von Eisen und Stahl ist und er auch in einer Reihe von Fällen eine Verschlechterung der technologischen und physikalischen Eigenschaften hervorruft. Deshalb werden heutzutage neue Stahlsorten entwickelt (kältebeständige, nichtrostende Transformatorenstähle und martensitische mit minimalem Kohlenstoffgehalt von einigen Hundertsteln und sogar Tausendsteln Prozent).

Nebenher sei erwähnt, daß die Verteilung des Kohlenstoffs im Metall auch die mechanischen Eigenschaften verschiedener Gußeisensorten bestimmt. Bekanntlich befindet sich der Kohlenstoff im weißen Gußeisen in fester Lösung, im grauen Gußeisen ist er im Zementit (Fe_3C) gebunden und im modifizierten Gußeisen wird er als Sphärolithe oder Graphitflocken ausgeschieden.

Bis jetzt haben wir die Tieftemperatursprödigkeit der Metalle mit kubisch-raumzentriertem Gitter betrachtet. Aber es zeigt sich, daß diese Metalle und sogar potentiell plastische Metalle und Legierungen mit kubisch-flächenzentriertem Gitter bei mittleren Temperaturen („Blausprödigkeit" von Eisen, „Sprödigkeitszonen" von Kupfer, Nickel und ihren Legierungen) und bei hohen Temperaturen („Rotbruch" von Stählen und Legierungen) verspröden [68, 134, 140]. Die Ursachen solcher Zonen sind noch nicht in allen Fällen geklärt.

Nach meiner Ansicht ist die Sprödigkeit in mittleren Temperaturbereichen durch eine Beladung der Korngrenzen des Metalls mit Komponenten der Luft (insbesondere mit Sauerstoff) verursacht. Bei Erwärmung und Bearbeitung bilden sich dort Oxide, Hydride, Nitride und kompliziertere Verbindungen [68]. Das folgt daraus, daß im Vakuum oder bei Kompressionsversuchen (ohne Zugspannungen) oder an Einkristallen [41] keine Sprödbruchzonen beobachtet werden. Eine Schädigung der Korngrenzen kann auch durch niedrigschmelzende Metallzusätze (Blei, Zinn) oder Nichtmetallzusätze (Phosphor, Arsen) eintreten. Daneben wird Rotbruch auch mit Erscheinungen des Vorschmelzens in Verbindung gebracht.

Aus dem Dargelegten folgen auch Maßnahmen zur Verhütung dieser Sprödigkeitserscheinungen bei Metallen und Legierungen. Die wichtigsten von ihnen sind: Entfernung interstitieller und niedrig schmelzender Verunreinigungen; Behandlung der Schmelzen mit thermodynamisch aktiven Zusätzen und Modifikatoren (Seltenerdmetalle, Erdalkalimetalle, Bor, Metalle der Gruppe

IV A u. a.) zur Desoxydation, Entgasung, Bindung niedrigschmelzender Verunreinigungen in hochschmelzenden Verbindungen und Kornfeinung; Schutz des Metalls vor Kontakt mit den Komponenten der Luft und mit Kohlenstoff (für Metalle mit kubisch-raumzentriertem Gitter) im Bearbeitungsprozeß und beim Einsatz des fertigen Erzeugnisses (Vakuum, Edelgas, Schutzschichten und -überzüge); Ausnutzung des „Rheniumeffektes".

9. Legierungen mit besonderen elektrophysikalischen Eigenschaften

Auf die zunehmende Rolle von Legierungen mit besonderen elektrophysikalischen Eigenschaften soll nun noch eingegangen werden. Wissenschaft und Technik sind in ein Entwicklungsstadium getreten, in dem von Metallwerkstoffen nicht nur irgendeine einzelne Eigenschaft, sondern ein ganzer Eigenschaftskomplex gefordert wird. Dabei dominieren oft nicht die mechanischen, sondern die elektrophysikalischen Eigenschaften (besonders in solchen Zweigen wie Elektronik, wissenschaftlicher Gerätebau, Elektrotechnik, Funk- und Lichttechnik, Hochenergiephysik usw.). Außer elektrophysikalischen werden oft noch bestimmte Kennwerte und physikalische Eigenschaften wie Wärmeleitfähigkeit, Wärmekapazität, Schalleitfähigkeit, Ausdehnungskoeffizient usw. gewünscht. Besonders zahlreiche Legierungen mit den verschiedensten physikalischen Eigenschaften, die vor allem für die Elektrotechnik geeignet sind, finden sich unter denen der seltenen Metalle [22, 90, 109, 142].

Die elektrischen Eigenschaften der Metalle und Legierungen spiegeln bekanntlich das Verhalten der Leitungselektronen im äußeren elektrischen Feld wider. Das quantenphysikalische Bändermodell ist von allen Eigenschaften, die mit seiner Hilfe geklärt werden können, für die elektrischen und für die Unterteilung der Festkörper in Leiter, Halbleiter und Isolatoren (Vorstellung von verbotener Zone, Valenz- und Leitfähigkeitsband) am besten ausgearbeitet.

Wie bereits erwähnt, können gegenwärtig schon für einfache Fälle und unter einigen vereinfachenden Annahmen mit dem Bändermodell Zahlenwerte der elektrischen Leitfähigkeit aller binären Legierungssysteme mit Mischkristallen berechnet werden. Im Idealkristall wie auch im absoluten Vakuum wächst die mittlere freie Weglänge der Elektronen über alle Grenzen. Im realen Metall entsteht der elektrische Widerstand durch: Phonenstreuung der Elektronen (Temperatureinfluß), Streuung der Elektronen an Verunreinigungen (Einfluß von Legierungselementen und Zusätzen), Streuung der Elektronen an physikalischen Baufehlern (Einfluß von Verformung, Korngrenzen und Kristallgitterverzerrungen). Eine quantitative Beziehung zwischen dem elektrischen Widerstand und den aufgeführten Parametern ist bisher noch nicht hergestellt worden. Es existieren jedoch einige empirische und halbempirische Zusammenhänge wie die Regeln von MATTHIESSEN, KURNAKOW, WIEDEMANN-FRANZ und anderen.

Der spezifische elektrische Widerstand liegt für Dielektrika bei 10^{10}—10^{22} Ωcm, für Halbleiter bei 10^{-3}—10^{6} Ωcm und für Metalle bei rund 10^{-6} Ωcm.

Die elektrische Leitfähigkeit ist bekanntlich wie die Plastizität eine der für den metallischen Zustand typischen Eigenschaften. Phänomene wie elektrische Leitfähigkeit, elektrischer Widerstand, Supraleitfähigkeit, Thermoelektrizität, Foto-, Sekundär- und Thermoemission, die auf elektronischen Eigenschaften beruhen, finden in der Technik breite Anwendung.

Mechanische, technologische und elektrische Eigenschaften sind sämtlich elektronischer Natur, wobei diese — wie schon erwähnt — durch Form und Größe der FERMI-Flächen bestimmt ist. Daraus folgt die für die künftige Metallforschung sehr wichtige Aussage, daß alle physikalischen (elektronischen) Eigenschaften von

Metallen und Legierungen miteinander korrelieren und jede Eigenschaft durch die anderen mit Hilfe entsprechender Umrechnungsfaktoren ausgedrückt werden kann [34]. N. S. KURNAKOW und seine wissenschaftlichen Schüler fanden schon zu Beginn dieses Jahrhunderts, daß sich der elektrische Widerstand binärer Legierungen mit dem Typ des Zustandsdiagramms genauso ändert wie Härte und Fließdruck (Regel von KURNAKOW) [19]. Viele mechanische Eigenschaften von Metallen und Legierungen sind miteinander verknüpft [68]; das Produkt von thermischen Ausdehnungskoeffizienten und Schmelztemperatur ist konstant [3] usw.

Der stürmische Aufschwung der Elektronik und die Entwicklung neuer Generationen von Elektronen- und Ionengeräten hat eine gründliche Untersuchung der Thermoemissionseigenschaften von Metallen, Legierungen und Verbindungen ausgelöst.

Die Änderung der Elektronenaustrittsarbeit einer Reihe binärer Legierungen wurde im Vakuum von 10^{-9} Torr experimentell untersucht und daraus auf einige Relationen zwischen Emissionseigenschaften und Zusammensetzung sowie Struktur der Legierungen geschlossen [143]. Am Beispiel der Systeme Molybdän—Rhenium, Ruthenium—Rhenium und Molybdän—Niob stellte sich heraus, daß im Mischkristallgebiet die Elektronenaustrittsarbeit eine Mischungsregel befolgt und ein Zusammenhang zwischen der Änderung der Austrittsarbeit und der Änderung anderer physikalischer Eigenschaften wie Elastizitätsmodul, Gitterkonstante und Dichte besteht, die ein Maß für die in den Metallen und Legierungen wirkenden Bindungskräfte sind.

Im heterogenen Gleichgewicht hat jede Phase ihre eigene Austrittsarbeit (sogenannte Flecken-Katode). Als Beispiel sei die Änderung der Austrittsarbeit in zweiphasigen Nickel—Lanthan- und Nickel—Yttrium- sowie Hafnium—Zer- und Hafnium—Erbium-Legierungen angeführt.

Die Emissionskennlinien der intermetallischen Verbindungen unterscheiden sich von denen der zugehörigen Komponenten (σ-Phase des Systems Molybdän—Rhenium, χ-Phase des Systems Niob—Rhenium, ε-Phase der Systeme Molybdän—Rhodium und Molybdän—Iridium) (Tab. 5). Die Anisotropie der Austrittsarbeit von Einkristallen reiner Metalle (Wolfram, Molybdän, Ruthenium, Iridium) ist schon in Tabelle 2 dargestellt worden.

Tabelle 5

Elektronenaustrittsarbeit einiger intermetallischer Verbindungen

Verbindungstyp	Temperaturbereich in K	Austrittsarbeit bei maximalem Strom in eV
σ-Phase (Mo—Re)	1550—1875	4,55 ± 0,07
χ-Phase (Nb—Re)	1450—1800	4,35 ± 0,07
ε-Phase (Mo—Ir)	1450—1900	4,65 ± 0,07
ε-Phase (Mo—Rh)	1450—1900	4,50 ± 0,07
$Ni_{17}Y_2$	1250—1500	3,85 ± 0,07
Ni_5La	1200—1450	3,47 ± 0,07

Es wurde gefunden, daß die Anisotropie der Austrittsarbeit bei Einkristallen 20—25 Prozent für die verschiedenen Netzebenen beträgt, wobei die Flächen mit größter Packungsdichte maximale und die „lockerst" gepackten Flächen minimale Austrittsarbeit aufweisen. Weiterhin zeigte sich ein enger Zusammenhang zwischen hoher Elektronenaustrittsarbeit im Vakuum und maximaler plastischer Verformbarkeit der Metallkristalle durch Gleiten und Zwillingsbildung [31].

Interessante qualitative Resultate ergab die Anwendung der Projektionsmethode bei Emissionsuntersuchungen. Mit einer sphärischen Thermoemissionsanordnung wurden unter Vakuum von 10^{-9} Torr erstmals Emissionsbilder von Iridium- und Rutheniumeinkristallen der Legierung Molybdän + 42% Niob (siehe Abb. 21) und der ε-Phase von Molybdän—Rhodium erhalten.

Wolfram—Rhenium- und Molybdän—Rhenium-Legierungen wurden im Ionenmikroskop untersucht, wo Defekte, Leerstellen und atomare Beimengungen direkt zu beobachten sind [142].

Im gegenwärtigen Entwicklungsstadium der Katodenmaterialien besteht die wichtigste Aufgabe darin, konkurrenzfähige Legierungskatoden zu entwickeln. Damit könnten die oxidischen, imprägnierten und andere Arten effektiver Katoden ersetzt werden, die zur Zeit industriell verwendet werden, aber infolge ihrer komplizierten Herstellungstechnologie zahlreiche Unzulänglichkeiten aufweisen. Als Beispiel für neue Metallkatoden seien die auf Wolfram-SE-Metall-Basis hergestellten angeführt, mit denen eine Anodenstromdichte von 1—3 A/cm^2 bei Temperaturen von 1350—1400 °C erreicht werden kann; Niob—Lanthan-Legierungen für Elektroden von Gasentladungsröhren, die eine im Vergleich zu den existierenden Materialien stabilere Glühspannungskennlinie haben, und Nickel—Lanthan-Legierungen für Katoden von Magnetfeldröhren, deren Thermo- und Sekundäremissionseigenschaften denen der Oxidkatoden ähneln. Besonders interessant ist die Untersuchung der elektronischen Erscheinungen und des Zusammenhangs zwischen den Eigenschaften sowie außerdem des Energiegleichgewichts bei Phasenübergängen, weil die Materie unter diesen Bedingungen gewöhnlich äußeren Einflüssen leicht „nachgibt".

Die elektrischen Vorgänge (Elektronenbewegung) im Vakuum werden in allen wichtigen Elektronenvakuumgeräten wie Dioden, Trioden, Tetroden, Pentoden, Klystronen und Magnetrons ausgenutzt. Weiterhin gibt es die große Gruppe der Ionen- oder Gesamtladungsröhren, bei denen an den elektrischen Vorgängen sowohl Elektronen als auch Ionen beteiligt sind. Die Ionen entstehen durch Gasionisation des Füllgases. Im Investitionsumfang beginnt die elektronische Industrie in vielen Ländern, bereits die metallurgischen und chemischen Industriezweige zu überholen.

Die Metallforschung kommt an der besonders in der modernen Elektronik fortschreitenden Tendenz zur Mikrominiaturisierung von Bausteinen und ganzen Baugruppen nicht vorbei. Inzwischen gibt es schon ebene und dreidimensionale Geräte der Mikroelektronik, die zum Beispiel auf dem Rücken eines Marienkäfers oder in einem Nadelöhr Platz haben (Abb. 23).

Es gibt weiterhin einzigartige Speicherelemente für superschnelle EDVA. Für die automatische Herstellung mikroelektronischer Schaltkreise auf halbleitendem Trägermaterial unter Vakuum wurden Anlagen entwickelt, bei denen der Ionenstrahl programmgesteuert wird (Elionentechnologie). Es wurden Herzschrittmacher erprobt, die aus integrierten Schaltkreisen bestehen. Es laufen Versuche, Metallkristalle als selbständige elektronische Bausteine, zum Beispiel als Sender, zu verwenden. Dabei wird die periodische Anordnung positiver Ionen und die Anwesenheit freier Elektronen ausgenutzt, die durch Anlegen eines elektromagnetischen Feldes fokussiert werden können. Bei halbleitenden Kristallen (Galliumarsenid) tritt „negative Leitfähigkeit“ auf, das heißt, bei Spannungserhöhung wächst der Strom nicht, sondern sinkt ab.

Elektronische Schaltkreise dieser Art werden meist durch Aufdampfen von Metallen oder Halbleitern auf eine kalte Unterlage hergestellt. Oft nutzt man dabei das epitaktische Aufwachsen nach dem Prinzip der Orientierungsübereinstimmung aus (z. B. Aufdampfen von Metallen oder Halbleitern auf bestimmte kristallographische Ebenen von Wolframeinkristallen).

Die Ausbreitung der Mikroelektronik verlangt eine Weiterentwicklung von Verfahren, mit denen Dünnschicht-Schaltkreise hergestellt und bezüglich ihrer Defektstruktur untersucht werden, nach denen die Wärmebehandlung erfolgen und eine zuverlässige Prüfung ihrer elektrophysikalischen und anderen Eigenschaften vorgenommen werden kann. Sehr interessant und wichtig ist die Untersuchung metastabiler und sogar amorpher Zu-

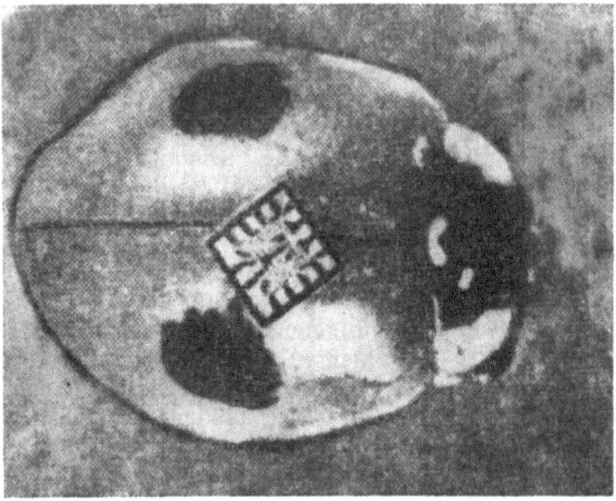

Abb. 23a

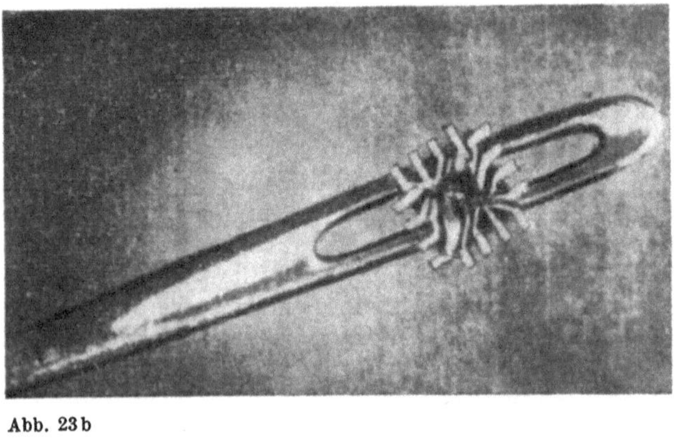

Abb. 23b

Abb. 23. Elektronische Bausteine

a) auf dem Rücken eines Marienkäfers und

b) in einem Nadelöhr

stände von Schichten geworden, die auf kalte Unterlage aufgedampft oder durch Elektrolyse hergestellt wurden. Dutzende metastabiler Phasen mit extremen Eigenschaften wurden schon durch Abschrecken aus dem flüssigen Zustand (z. B. durch „Zerquetschen" glühender Metalltröpfchen zwischen zwei kalten Metallplatten) hergestellt. Bei der Methode des „Einschießens" von Metalltröpfchen in sich drehende Metallkokillen erreicht die Abkühlungsgeschwindigkeit 10^6 und sogar 10^7 K pro Sekunde. Damit entstand auch ein dringender Bedarf nach Zustands- und Zusammensetzungs-Eigenschafts-Diagrammen nicht nur für Gleichgewichtszustände, sondern auch für metastabile Zustände. Dabei können völlig andere Phasenbeziehungen (Diagrammtyp, Löslichkeit) und andere Werte physikalischer und chemischer Eigenschaften auftreten. Die Übergangstemperatur aus dem amorphen in den kristallinen Zustand beträgt etwa 15—30 Prozent der absoluten Schmelztemperatur eines Stoffes.

Nach Aussagen von Fachleuten hat in den letzten Jahren in der Halbleiterenergetik und Mikroelektronik die Anwendung der Wechselwirkungen von Elektronen im Festkörper begonnen, die an der Grenze zwischen Metall und Dielektrikum, in dünnen halbleitenden Schichten auf Metallen, an der Grenze zwischen feindispersen Gemengen Metall-Dielektrikum und Halbleiter-Dielektrikum auftreten. Die Effekte, die mit den Eigenschaften dieser neuen Materialien verbunden sind, können bisher weder von der Halbleiterphysik noch von der Physik der Dielektrika erklärt werden. Obwohl also eine geschlossene Theorie fehlt, wird diese Erscheinung gegenwärtig bereits in der Praxis genutzt, zum Beispiel in der Fotoelektrik, Thermoelektrik, Mikroelektronik und vielen anderen Bereichen der Elektronik und Elektrotechnik.

Die erforderliche Bestimmung von Struktur und Eigenschaften der Miniaturmetallbauelemente sowie der dünnen Schichten hat erneut Interesse an metallographischen Untersuchungen in Mikrobereichen geweckt [144, 145].

Es wurden neue metallographische Untersuchungsmethoden für Proben variabler Zusammensetzung entwickelt, besonders Methoden für die Untersuchung von Supraleitungseigenschaften [146]. Diese Methoden werden zweifellos in Zukunft an Umfang und Ausmaß zunehmen und sicher manche der alten, material- und arbeitsaufwendigen Untersuchungsverfahren verdrängen, ja auch veraltende Untersuchungsrichtungen ablösen.

Zu den Legierungen mit besonderen physikalischen Eigenschaften gehören nicht nur Materialien für die Elektronik. So wurde zum Beispiel durchsichtiger, rostfreier Stahl (lichtdurchlässig, jedoch wasserundurchlässig) entwickelt, der gute Schalleitfähigkeit besitzt [147]. Weiterhin gibt es ein synthetisches Material, das stromleitend ist. Blättchen aus diesem Material, das elektrische Leiter ersetzt, werden in Tapeten „eingelassen“ und als Lampen an die Zimmerdecke und die Wände „gezeichnet“. Zu den Legierungen mit physikalischen Sondereigenschaften gehören auch spaltbare Materialien für die Kernenergetik. Das berührt jedoch ein neues großes Gebiet der Metallforschung, das gesondert behandelt werden muß [2, 55, 85, 89]. Zu den herausragenden Vertretern unter den Sonderlegierungen gehören die Supraleiter, die im folgenden Abschnitt besprochen werden sollen.

10. Supraleitende metallische Werkstoffe

Wir müssen nun noch speziell auf die Untersuchungen supraleitender Werkstoffe eingehen, um ihrer ständig wachsenden Bedeutung Rechnung zu tragen. Heute sind schon ungefähr 30 metallische Elemente und einige Zehntausend Legierungen und Verbindungen bekannt, die im Bereich von 0 bis 20 K[1]) in den supraleitenden Zustand übergehen und keinen Widerstand gegenüber

---

[1]) Inzwischen sind Beispiele höherer Sprungtemperatur bekannt geworden, zum Beispiel 23 K für Nb_3Ge und 29 K für V_3Si (Anm. d. Herausg.)

dem elektrischen Strom zeigen [4]. Zu den Metallen mit einer Sprungtemperatur größer als der Siedetemperatur des flüssigen Heliums (4,2 K) gehören: Tantal (4,4 K), Vanadium (5,3 K), Lanthan (5,9 K), Blei (7,2 K), Technetium (8,2 K) und Niob (9,2 K). Alle diese, außer Blei, zählen zu den seltenen Metallen.

Die Supraleitfähigkeit ist eine Erscheinung, die nur dem metallischen Zustand eines Stoffes eigen ist. Die Sprungtemperatur hängt von der individuellen Natur des Supraleiters ab. Allerdings wurden bis jetzt noch keine Supraleiter mit verhältnismäßig hohen Sprungtemperaturen gefunden, obwohl es äußerst verlockend wäre, Supraleiter für Wasserstoff-, Neon- und Stickstofftemperaturen zu entdecken. Die Natur und der Mechanismus des supraleitenden Zustandes sind noch nicht geklärt.[1]) Es wird jedoch angenommen, daß der supraleitende Zustand einen besonderen thermodynamischen Zustand eines Stoffes darstellt und ein Übergang in den supraleitenden Zustand einem Phasenübergang zweiter Art analog ist. Die Möglichkeit, daß metastabile metallische Phasen Supraleitfähigkeit besitzen, ist nicht ausgeschlossen. Es ist wichtig, hervorzuheben, daß der supraleitende Zustand nicht nur bei Erwärmung des Supraleiters über die Sprungtemperatur, sondern auch durch Einwirkung eines genügend starken (kritischen) Magnetfeldes oder durch Belastung des Supraleiters mit einem großen (kritischen) Strom zerstört wird. Alle diese drei kritischen Parameter eines Supraleiters sind miteinander verbunden und hängen von der elektronischen und der Kristall-Struktur der Metalle und Legierungen sowie vom metallurgischen Herstellungsverfahren, den Schmelzmethoden und der thermomechanischen Behandlung ab.

---

[1]) Zu den physikalischen Grundlagen der Supraleitung vergleiche zum Beispiel [169*]. Die Unklarheiten beziehen sich auf das quantitative Verständnis von (substanzspezifischen) Meßgrößen wie der Sprungtemperatur. (Anm. d. Herausg.)

Der Einfluß metallurgischer Faktoren auf die Eigenschaften supraleitender Werkstoffe und ihre Phasenzusammensetzung ist sehr groß. Es genügt zu sagen, daß die Herstellung supraleitender Magnete erst nach Entwicklung von Schmelzmethoden und Bearbeitungsverfahren hochschmelzender Metalle und ihrer Legierungen (im Vakuum und in Schutzgasatmosphäre) möglich wurde.

Mit Methoden der thermomechanischen Behandlung (Anwendung verschiedener Deformationsstufen und verschiedener Glühprozesse) läßt sich ein so wichtiger Supraleiterparameter wie die kritische Stromdichte um den Faktor 2 bis 3 verändern [4].

Die Anzahl der neu entdeckten Supraleiter wächst unaufhörlich. Von den bis jetzt bekannten Materialien besitzen Legierungen aus hochschmelzenden und seltenen Metallen die besten Supraleiterparameter und technologischen Charakteristika.

Das sind Niob, Zirkon, Titan und Vanadium zum Beispiel in den Systemen Niob—Zirkon (25—33 und 50 Gewichtsprozent Zirkon) (Abb. 24), Niob—Titan (mittlere Konzentrationen) und Niob—Titan—Zirkon [4]. Rekordsupraleiterparameter besitzen die intermetallischen Verbindungen Nb_3Sn, V_3Ga, V_3Si, Nb_3Al und andere mit Cr_3Si-Struktur.[1]) Sie besitzen eine Sprungtemperatur T_c von 16—18 K (Abb. 25), einen hohen Elektronenanteil der Wärmekapazität und eine große Zustandsdichte der Elektronen an der FERMI-Fläche. Erst vor kurzem wurde in den USA und in der UdSSR nachgewiesen, daß man mit den Verbindungen Nb_3Al und Nb_3Ge ($Nb_{12}Al_3Ge$) ein Material mit einer Sprungtemperatur von 20,7 K herstellen kann [148, 149].

Aber auf Grund technischer Überlegungen und wegen des Arbeitsschutzes eignen sich Wasserstofftemperaturen (20,4 K) wenig für eine praktische Ausnutzung [150]. Die allgemeine Aufgabe, über deren prinzipiellen Lösungs-

[1]) Vergleiche Fußnote auf Seite 130.

weg man bis jetzt noch nichts Näheres sagen kann, besteht in der Entwicklung von supraleitenden Werkstoffen für den Einsatz in flüssigem Stickstoff (etwas höher als −196 °C).

Die moderne physikalische Theorie erklärt die Erscheinung der Supraleitfähigkeit mit der Existenz von Quanteneffekten (Auftreten von Cooper-Elektronenpaaren) in Metallen und Legierungen bei sehr tiefen Temperaturen [150]. Neonniveau (27 K), Stickstoffniveau (77 K) und die Raumtemperaturen (300 K) sind Temperaturmarken, die die Supraleiter erreichen müssen. Es wurde schon gesagt, daß die Supraleitfähigkeit nur im

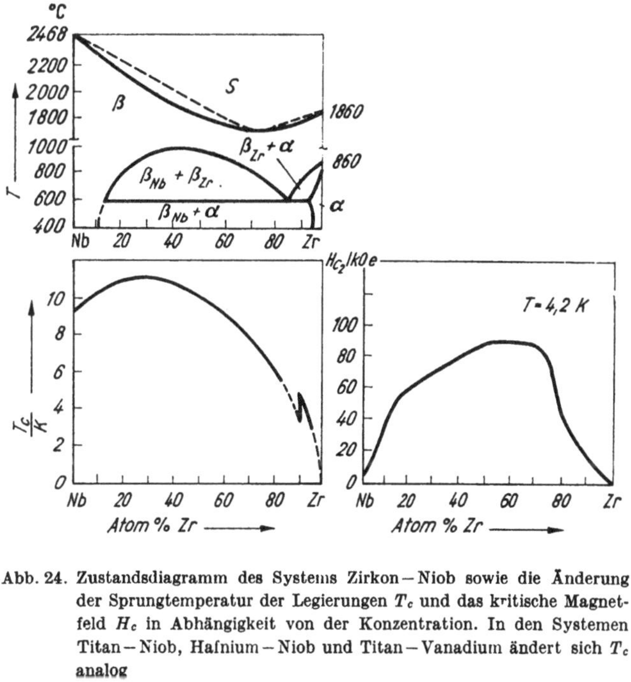

Abb. 24. Zustandsdiagramm des Systems Zirkon–Niob sowie die Änderung der Sprungtemperatur der Legierungen T_c und das kritische Magnetfeld H_c in Abhängigkeit von der Konzentration. In den Systemen Titan–Niob, Hafnium–Niob und Titan–Vanadium ändert sich T_c analog

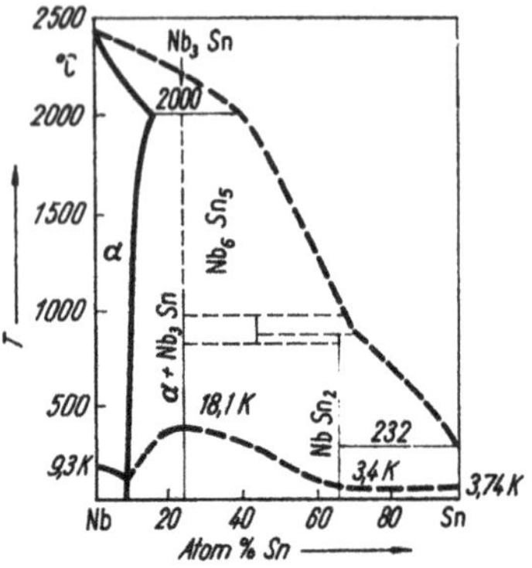

Abb. 25. Zustandsdiagramm mit den Sprungtemperaturen von Niob–Zinn-Legierungen

metallischen Zustand eines Stoffes auftritt. Sie wird auch unter Druck bei einigen Halbleitern (Germanium, Silizium, Antimon, Tellur, Selen, Phosphor, einigen Verbindungen vom Typ Indium-Antimon) beobachtet, wie man annimmt als eine Folge neuer metallischer Phasen oder Modifikationen bei sehr tiefen Temperaturen. Die Grundformel der Supraleitung hat folgende Gestalt:

$$T_c = 1{,}14\,\theta \exp\left(-\frac{1}{N_0 V}\right),$$

dabei sind θ Debye-Temperatur (in K), genauer die mittlere Phononenenergie;

N_0 Elektronenzustandsdichte an der Fermi-Fläche;

$N_0 \approx \gamma$, γ Koeffizient der molaren Wärmekapazität der Elektronen (in 10^{-3} J mol^{-1} K^{-1});

V Parameter der Elektron—Elektron-Wechselwirkung.

Anscheinend ist es für die Erscheinung der Supraleitfähigkeit der Elektronen im Metall notwendig, daß sich die Leitungselektronen in der Nähe der Fermi-Fläche gegenseitig anziehen. Es gibt Meinungen, wonach alle echten und reinen Metalle unter bestimmten Bedingungen Supraleiter werden können. Auch die Ansicht [150, 151], daß metallischer Wasserstoff (den man unter einem Druck von 2000 kbar herstellen kann) eine Sprungtemperatur von 10^2—10^3 K haben sollte, ist schon vertreten worden. Er würde dann ein Hochtemperatursupraleiter sein.[1])

Der Behauptung von der möglichen Supraleitfähigkeit des festen Wasserstoffes wird auch widersprochen, da das Atom eines Supraleiters in Übereinstimmung mit dem vorausgesetzten Mechanismus der Supraleitfähigkeit nicht weniger als zwei Elektronen haben darf [151a].

Die Eigenschaften der supraleitenden Materialien variieren merklich mit dem Gehalt an verschiedenen Beimengungen, da sich dabei der elektrische Widerstand des Metalls im Normalzustand, seine Wärmekapazität, die mittlere freie Weglänge der Elektronen, die DEBYE-Temperatur, die Zustandsdichte der Leitungselektronen an der FERMI-Fläche und auch die Quantität und Qualität der Defekte ändern, die infolge der verschiedenen Beimengungen entstehen.

Vor kurzem erschien eine Übersicht von Untersuchungen über den Einfluß hoher Drücke (bis 300 kbar bei 0,1 K) auf die Supraleitereigenschaften von Elementen und einigen Verbindungen [152]. Es ist zum Beispiel bekannt, daß sich bei allen supraleitenden Übergangsmetallen unter hohen Drücken die Sprungtemperatur erniedrigt, sich bei einer Reihe von Übergangsmetallen und ihren Legierungen jedoch erhöht. Die Änderungen können einige Zehntel bis einige Grad Kelvin betragen. In einigen Fällen werden Metalle durch Zusätze bestimmter anderer (Osmium zu Rhenium, Kadmium zu Indium usw.) gegenüber äußeren Drücken empfindlicher. Die Ursache ist offenbar die qualitative Änderung des Energiespektrums der Elektronen. Bei einigen Metallen

---

[1]) Davon ausgehend, daß die kalten Planeten zum größten Teil aus Wasserstoff bestehen, entstanden Vermutungen über die Existenz von Supraleitung in ihrem Inneren (insbesondere im Jupiter) und darüber, daß ihr Magnetfeld durch Dauerströme erzeugt wird.

(Thallium, Blei, Titan, Zirkon u. a.) sind unter Druck neue metastabile supraleitende Modifikationen gefunden worden. Bis jetzt ist es nicht gelungen, mit den verwendeten Drücken die Supraleitfähigkeit zu zerstören. Hier bestehen im theoretischen Konzept noch viele Unklarheiten, und es sind weitere Anstrengungen von Theoretikern und Experimentatoren notwendig.

Die Anwendung wissenschaftlicher Ideen und Gesetzmäßigkeiten der physikalisch-chemischen Analyse metallischer Systeme auf den Bereich tiefer Temperaturen und auf die Untersuchung supraleitender Systeme, wie sie in den letzten zehn Jahren im Institut für Metallurgie der Akademie der Wissenschaften der UdSSR betrieben wurde, hat schon sehr wichtige und interessante wissenschaftliche und praktische Ergebnisse bei der Erforschung supraleitender Legierungen und Verbindungen des Niobs, Vanadiums und anderer supraleitender Metalle gebracht [153].

Dabei erwiesen sich alle Legierungen metallischer Systeme, die aus supraleitenden Komponenten gebildet werden, als Supraleiter (s. Abb. 24 und 25). Die Sprungtemperatur in Legierungssystemen lückenloser Mischbarkeit mit gegenseitiger Ersetzung der Komponenten ändert sich in Abhängigkeit von der Zusammensetzung oft praktisch linear. Sind eine oder beide Komponenten (Supraleiter) polymorph, wird im Verlauf der Kurve T_c-Konzentration ein Maximum beobachtet.

In Legierungen, die der Struktur nach aus mehreren supraleitenden Phasen bestehen, ändert sich die Sprungtemperatur linear mit der Änderung der Zusammensetzung. Bei einer texturierten Struktur eines Gemenges aus Supraleitern (Verbund-Supraleiter) erhöhen sich die Supraleitparameter.

Supraleitende Verbindungen können sich in beliebigen metallischen Systemen sowohl aus supraleitenden als auch aus nichtsupraleitenden Komponenten bilden. In der Regel zeigen sich in der Kurve T_c-Konzentration [153] singulär Maxima.

Von den Arbeiten der letzten Zeit auf dem Gebiet supraleitender Werkstoffe sollten die allerersten Versuche zur Prognose supraleitender Verbindungen und ihrer Sprungtemperaturen mit Rechenmaschinen erwähnt werden [45]. Außerdem sei auf die Messung der Sprungtemperaturen von lückenlosen Mischkristallen an Proben veränderlicher Zusammensetzung hingewiesen [146]. Es wurden Supraleiterverbundwerkstoffe durch Ersatz einer leichtschmelzenden Phase der Legierung durch einen anderen Supraleiter, Halbleiter oder Isolator (Polystyrol) im fest-flüssigen Zustand entwickelt [128]. Ebenfalls wurden Tausende von Kilometern mehradriges supraleitendes Kabel mit Durchmesser von 0,5 bis 2 mm mit 133 Filamenten von je 40 μm Durchmesser hergestellt. Supraleitende Drähte aus Niob- und Titanlegierungen werden mit einer Kupferhülle umgeben. Die Anzahl der supraleitenden Filamente kann noch vergrößert werden. Der Einsatz supraleitenden Kabels ermöglicht, günstige Parameter und mechanische Festigkeit der Wicklungen großer Magneten zu erreichen.

Mit Hilfe einer verhältnismäßig kleinen Anzahl experimenteller Angaben wurden nach der Methode der EDV-Versuchsplanung die T_c-Fläche, die Fläche des spezifischen elektrischen Widerstandes bei verschiedenen Temperaturen und die der Mikrohärte der Dreikomponentensysteme (Vanadium—Niob—Tantal, Vanadium—Niob—Titan, Vanadium—Tantal—Titan, Niob—Tantal—Titan) und des Vierkomponentensystems Vanadium—Niob—Tantal—Titan konstruiert.

Die gute Übereinstimmung der experimentellen Resultate und der berechneten Daten bei einer Vielzahl von Kontrollegierungen unterstreicht die Möglichkeit und die Zweckmäßigkeit der Anwendung der EDV-Versuchsplanung für die Konstruktion von Diagrammen T_c-Konzentration bei Drei- und Vierkomponentensystemen mit lückenloser Mischbarkeit. Mit einer begrenzten Anzahl experimenteller Ausgangswerte (für ein Vierkomponentensystem vier Legierungen) wurden in den Systemen Bereiche mit niedrigen und hohen T_c rechnerisch abgetrennt und die allgemeine Form der Diagramme auf die Konstruktion solcher Diagramme bei Mehrkomponentensystemen anwendbar [50].

Gegenwärtig beginnt sich der Schwerpunkt des Problems in den Bereich der technischen Nutzung der Supraleitung zu verschieben [4]. Die Supraleiter sind von ständig wachsender Bedeutung für die moderne Technik und beginnen schon einen bestimmten Einfluß auf die Grundrichtungen des wissenschaftlich-technischen Fortschritts auszuüben. Offenkundig können die wichtigsten gegenwärtigen Probleme der Physik und der Technik (Stabilisierung des thermonuklearen Plasmas, Übertragung von Elektroenergie großer Leistung über weite Entfernungen, Umwandlung von Wärmeenergie in elektrische mit Hilfe von MHD-Generatoren, Entwicklung von Hochleistungs-Beschleunigern zur Untersuchung der Elementarteilchen) nicht ohne Anwendung supraleitender Werkstoffe (tragbare Hochleistungs-Magnete und andere Anlagen) gelöst werden.

Hochreines supraleitendes Niob kann auch im Wechselstrombetrieb effektiv arbeiten. Die Kapazität eines Kabels aus reinem Niob ist 25mal größer als die eines gewöhnlichen Kupferkabels. Wie Berechnungen ergaben, kann ein unterirdisches Kabel aus konzentrischen mit Niob beschichteten Röhren, das sich in einem von Helium umgebenen Rohr von 500 mm Durchmesser befindet, einen Strom der Leistung 10^7 kW bei einer Spannung von 345 kV transportieren. Dies könnte den Bedarf der größten Städte decken [154].

Ein Supraleitermagnet mit einer Masse von 1 kg erzeugt ein Magnetfeld, das ungefähr gleich der Feldstärke eines 20-Tonnen-Magneten mit Eisenkern ist. In Japan und in den USA werden schon Projekte für Eisenbahnzüge mit einer Geschwindigkeit von mehr als 500 km h^{-1} erarbeitet. Dazu sind Elektromagneten aus supraleitendem Kabel erforderlich. Solche Züge werden sich in Vakuumtunneln bewegen.

In Masern werden schon Magnetfelder mit hoher Homogenität (0,02%) verwendet, die von Spulen aus supraleitenden Materialien (Niob—Zirkon-Draht und Niob—Titan-Band) erzeugt werden.

Ein wesentlicher Vorteil einer solchen Methode der Magnetfeld-Erzeugung ist das geringe Gewicht des magnetischen Systems. Im Institut für Metallurgie der Akademie der Wissenschaften der UdSSR wurde für diesen Zweck eine Spule mit einer Masse von 0,25 kg (gegenüber 40—50 kg für eine gewöhnliche Spule) gebaut. Der gesamte Magnet hat dann nur eine Masse von 2 kg (statt 100 kg) (Abb. 26). Ein Supraleiter hat keinen Widerstand und verbraucht keine Energie. Wenn die Klemmen der Spule kurzgeschlossen werden (als Supraleiter), kann der Strom in der Wicklung unendlich lange fließen (solange Helium vorhanden ist), und das Magnetfeld kann absolut stabil bleiben. Deshalb ist eine Spannungsquelle nur während des Einschaltens des Magneten notwendig. Außerdem braucht ein solches System keine Thermokompensation, da die Temperatur des flüssigen Heliums konstant ist [155].

Die breiten Anwendungsmöglichkeiten der Supraleiter in der modernen Technik (Elektronik, Elektrotechnik, Kernenergetik, kosmische und Rechentechnik usw.) haben eine wachsende Nachfrage nach supraleitenden Materialien mit hohen und stabilen Supraleiterparametern und technologischen Charakteristika ausgelöst [34].

Mit der Entwicklung supraleitender Materialien und Geräte, hauptsächlich von Magneten, sind Dutzende der größten Firmen und staatlichen wissenschaftlichen Institutionen der USA, Japans, Großbritanniens, der BRD, Frankreichs, der Niederlande, der Schweiz und anderer Länder beschäftigt. In diesen Ländern ist die industrielle Herstellung von Halbfabrikaten (Draht, Bänder, Kabel) aus supraleitenden Materialien von Supraleiterspulen und von Standardkälteanlagen eingeleitet worden. In den USA werden supraleitende Materialien zur Herstellung von Supraleiterspulen mit maximaler Feldstärke

Abb. 26. Supraleitender Magnet für 30 Kilooersted

von 50 bis 100 Kilooersted und einer Feldenergie der Größenordnung Kilojoule bis einige Megajoule im großen Maßstab verwendet. Für Beschleuniger werden Supraleitermagnete sehr großer Abmessungen gebaut.

Die bis heute erreichten Werte der Sprungtemperatur (20 K), des kritischen Magnetfeldes ($\approx$ 250 kOe) und der kritischen Stromdichte ($\approx 10^5$ A cm^{-2}) sind keine Schranken des Erreichbaren. Die Suche nach neuen Supraleitern mit besseren Supraleiterparametern und in erster Linie mit einer höheren Sprungtemperatur (z. B. der Siedetemperatur von Stickstoff oder höher) ist eine wichtige Aufgabe. Andererseits sind Fragen der Verbesserung der kritischen Parameter bekannter supraleitender Legierungen und Verbindungen und Fragen erhöhter Stabilität ihrer supraleitenden und technologischen Eigenschaften in Verbindung mit der wachsenden Nachfrage danach ebenso wichtig und aktuell. Die Lösung dieser Aufgaben ist ohne allseitiges und gründliches Studium der Beziehung zwischen Supraleitereigenschaften und elektronischer Struktur der Supraleiter, dem Typ der zwischenatomaren Bindung in Abhängigkeit von der Reinheit, der Defektstruktur, der Spannung und anderer metallurgischer Faktoren nicht möglich. Die Schaffung einer quantitativen Theorie, die Untersuchung und Entwicklung der notwendigen Supraleiter sowie Leistungsfähiger supraleitender Magneten und anderer Anlagen ist eine von Natur aus komplexe Aufgabe. Es erfordert die schöpferische Zusammenarbeit von Physikern und Metallkundlern und ebenso von Spezialisten für elektronische Geräte, Energetik und Kältetechnik.

11. „Biologische" Metallkunde

Auch an den Fragen der Biologie und der Medizin kann man heute nicht vorbeisehen. Vor unseren Augen entsteht eine „biologische" Metallkunde, die sich aus einem biochemischen, medizinischen und landwirtschaftlichen Zweig zusammensetzt. Die Hauptaufgabe der biologischen Metallkunde ist die Aufklärung der Wirkung von Metallen, Legierungen und Verbindungen in Biologie, Medizin und Landwirtschaft sowie deren wirksame Nutzung.

Biochemische Reaktionen, die auf der Nutzung bestimmter Arten von Mikroben oder Pilzen beruhen, werden immer stärker zur Gewinnung von Kupfer, Gold, Vanadium, Uran, Thorium und anderen Metallen aus Erzen oder dem Meerwasser angewendet.

Es sind Fälle bekannt, daß sich massive Kolonien einfachster Mikroorganismen an den Wänden der Kühlschlangen von Kernreaktoren gebildet haben. Ablagerungen von Mikroben, ähnlich dem Kesselstein, hemmen die Wärmeabführung. Mollusken verstopfen Filter und Rohrdurchführungen von Turbinen der Wasserkraftwerke; an den metallischen Konstruktionen von Dämmen bilden sich „Pelze" aus kleinen Krebsen mit einer Dicke von 3—4 cm. Weder Ultraschall, Chlorkalk noch Kupfervitriol sind in der Lage, sie zu vernichten. Dadurch wurde die Entwicklung einer speziellen Farbe zum Schutz metallischer Unterwasserausrüstungen vor Mollusken notwendig. Auf Grund des „Bewuchses“ leiden die Wandungen der Hochseeschiffe sehr stark. Eine beliebige ungiftige Oberfläche, die für einige Stunden im Meer versenkt wird, bedeckt sich mit einer dünnen schleimigen Schicht. Zuerst setzen sich Bakterien ab, darauf mikroskopisch kleine Pflanzen, danach einfachste Tiere. Der Bewuchs der Unterwasserschiffsteile mit Tieren und pflanzlichen Mikroorganismen verringert die Geschwindigkeit des Schiffes und erhöht den Treibstoff-Verbrauch. Gegenwärtig ist das wirksamste Mittel gegen Bewuchs eine sogenannte nichtbewachsende Farbe, die Kupferoxydul, anorganische Verbindungen von Arsen und Quecksilber oder metallorganische Verbindungen enthält. Solche Farben schützen das Schiff vor Bewuchs auf eine Zeitspanne von nicht mehr als zwei Jahren. Schutzmethoden gegen Bewuchs für den Rumpf, die während der gesamten Betriebszeit des Schiffes wirksam sind, gibt es noch nicht. Diese Aufgabe gehört zu den sehr aktuellen Problemen der Metallforschung.

Von den verschiedenen Korrosionsarten der Metalle, Plaste, Brennstoffe und anderer Materialien ist am meisten (insbesondere in den Ländern mit feuchtwarmen Klima) die sogenannte mikrobiologische Korrosion verbreitet, die von einer Reihe von Mikroorganismen und besonders von Schimmelpilzen hervorgerufen wird, deren Sporen überall verbreitet sind. Nach allgemeinen Angaben über die Korrosionsverluste entfallen bis zu 25 Prozent auf die mikrobiologische Korrosion (gegenüber der mikrobiologischen Korrosion sind Plaste und schwere Metalle widerstandsfähiger als leichte). Mikroben und Pilze beschädigen Einzelteile von Bordgeräten und -systemen im Flugwesen, Brennstoffbehälter, Gummi und andere elektrische Isolationsmaterialien bis zur Stahlbewehrung des Kabels, Einzelteile von Elektroinstallation, Bolzen, Sockel, Kolben von Vakuumröhren und andere Einzelteile von Elektrovakuumgeräten.

Die Gesetzmäßigkeiten mikrobiologischer Korrosion sind bei weitem noch nicht erkannt, und die entwickelten Schutzmaßnahmen sind unvollkommen. Das erfordert seitens der Metallforscher beträchtliche Anstrengungen und gemeinsame Forschungsarbeiten mit den Mikrobiologen, Korrosionsspezialisten und Konstrukteuren im Hinblick auf eine größere Zuverlässigkeit und Lebensdauer von Einzelteilen der modernen Technik aus metallischen Werkstoffen.

Wahrscheinlich wird es in weiterer Zukunft möglich, Mikroorganismen zum Verbinden, Ansetzen und zum Ausheilen von Defekten metallischer Einzelteile und Konstruktionen auszunutzen. Die Fähigkeit bestimmter Mikroben, sich schnell auf metallischen Oberflächen zu vermehren, wird schon heute in industriellen Versuchsanlagen zur Herstellung von mikrobiellem Futtereiweiß genutzt. Mikrobielle Fette verwendet man zum Schmieren beim Walzen von Metallen.

Anscheinend kann man Bakterien in gewissen Grenzen bestimmte physikalische Eigenschaften verleihen. Ein äußerst elegantes und originelles Herangehen an ein solches Problem ist die Nachforschung nach einer Supraleitfähigkeit bei Bakterien. Falls die Supraleitfähigkeit oder etwas ihr Verwandtes in der Biologie eine Rolle spielt, dann könnten im Verlaufe der Evolution bestimmte Bakterien eine große diamagnetische Suszeptibilität und eine große Leitfähigkeit erlangen. Zur Klärung des Problems und zur Separation ist vorgeschlagen worden, sie durch einen diamagnetischen Separator zu schicken (analog zum Versuch von Stern und Gerlach), in dem sich die Bakterien in einem stark inhomogenen Magnetfeld bewegen, und anschließend durch einen Separator, der die Bakterien mit unterschiedlicher Leitfähigkeit trennt (wenn sich die leitenden „Teilchen“, die Bakterien, in einer Flüssigkeit mit anderer Leitfähigkeit befinden, hängt bei Stromdurchfluß und senkrecht dazu stehendem Magnetfeld die „Teilchen-Bewegung“ von ihrer elektrischen Leitfähigkeit ab). Wenn man mit Hilfe von Separatoren Bakterien mit „günstigen“ Parametern auswählt und sie wiederholten Mutationen unterzieht, kann man hoffen, eine supraleitende „Bakterienrasse“ zu erhalten [150].

Das Leben erinnert uns täglich daran, daß Metalle und anorganische Werkstoffe zu den grundlegenden Bestandteilen des menschlichen Daseins gehören. Ob wir es wollen oder nicht, der menschliche Organismus nimmt Metalle in sich auf. Normalerweise befinden sich in den Knochen eines Menschen ungefähr 2 mg Blei, bei einem Einwohner einer modernen Großstadt 100mal so viel, da dem Vergaserkraftstoff Bleitetraäthyl als Antiklopfmittel beigefügt wird. Im Speichel eines gesunden Menschen findet man Kalium, Natrium, Magnesium, Aluminium, Zink, Eisen, Kupfer, Mangan, Phosphor und andere Elemente; wenn er Stahlprothesen hat, auch noch Nickel, Chrom, Silber, Titan (aus dem Lötmaterial). Da Stahl eine komplizierte Legierung ist, läuft eine Elektrolyse ab. Die Hauptaufnahmequelle vieler Elemente für den menschlichen Organismus ist das Trinkwasser. Auch die Luft, die eigentlich ein Aerosol aus Luft und Mineralteilchen (Staub), Kohle, Metallsalzen, Industrie- und anderen Abgasen darstellt, ist eine derartige Quelle.

Bei der „Schaffung“ des Menschen ist die Herstellung von „Ersatzteilen“ für ihn „vergessen“ worden, deshalb müssen die Menschen selber diesen „Schöpfungsmangel“ beseitigen. Gegenwärtig wird versucht, schon ungefähr 30 Organe des menschlichen Körpers nach Bedarf durch Metalle, Keramik oder Plaste zu ersetzen (Abb. 27); und oft mit Erfolg. Die Herstellung von Prothesen und künstlichen menschlichen Organen wie Herz, Lungen, Nieren, Augen, Ohren, Nerven, Gliedmaßen ist schon heute eine Aufgabe der medizinischen Wissenschaft und Praxis [158]. Dabei wird in der Regel mehr oder weniger Metall verwendet. Die Schwierigkeit der Aufgabe besteht darin, Materialien zu finden, die reaktionsträge und mit dem menschlichen Organismus, dem Blut und Gewebe verträglich sind. Solche Materialien dürfen das Blut nicht

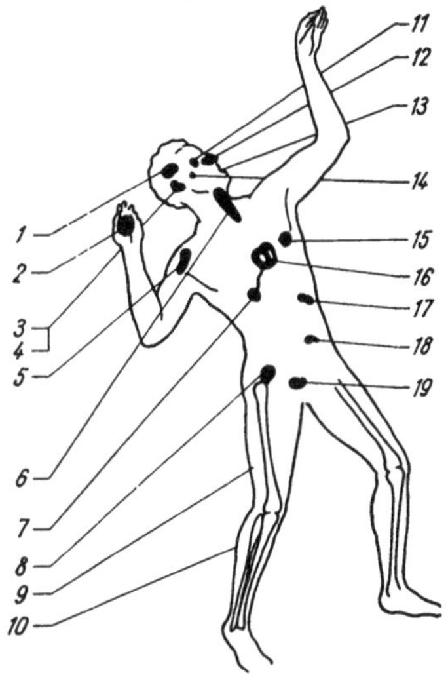

Abb. 27. Organe des menschlichen Körpers, die aus Metallen oder synthetischen Materialien hergestellt werden können

1 – Schädel (Keramik oder Metall)
2 – Sehnen der Finger (Silikon oder Teflon)
3 – Ohrmuschel (Plast)
4 – Hörapparat (Metall)
5 – Schultergelenk (Keramik oder Metall)
6 – Luftröhre (Silikon oder Teflon)
7 – Elektronischer Schrittmacher für den Herzmuskel (Metall)
8 – Hüftgelenk (Metall, Teflon oder Keramik)
9 – Oberschenkelknochen (Metall)
10 – Gewebenähte (Metall)
11 – Augapfel (Plast oder Silikon)
12 – Nasenknorpel (Silikon)
13 – Zähne (Metall oder Plast)
14 – Eustachische Röhre (Silikon)
15 – Herzklappe (Metall oder Plast)
16 – Herzscheidewände (Plast)
17 – Gallenblasengang (Teflon)
18 – Arterien (Silikon oder Dakron)
19 – Elektronischer Stimulator der Harnblase (Metall)

beeinträchtigen und keine Thromben und Entzündungen hervorrufen.

Menschliche Knochen bestehen hauptsächlich aus dem Mineral Apatit. Nach Angaben von W. P. Torbenko und B. S. Kasawina sind im Knochengewebe an anorganischen Stoffen außer Kalzium, Phosphor, Magnesium, Kohlenstoff auch Chlor, Aluminium, Bor, Fluor, Mangan, Kupfer, Blei, Strontium, Uran, Skandium, Lanthan, Silber, Barium, Kadmium, Kobalt, Eisen, Molybdän, Titan, Vanadium, Silizium u. a. vorhanden. Der Anteil dieser Spurenelemente ist nicht größer als 0,001 Prozent. Obwohl die Spurenelemente mit einer solchen geringen Konzentration auftreten, spielen sie eine wichtige Rolle bei Prozessen der Lebenstätigkeit, der Entwicklung und des Knochenwachstums.[1])

Das menschliche Herz ist ein kompliziertes und delikates biologisches Objekt, obwohl es insgesamt nur rund 300 g wiegt. In einem Jahr pumpt es viele Tonnen Blut und zieht sich millionenmal zusammen. Künstliche elektrische Impulse gebende Herzschrittmacher, die unter die Haut implantiert und mit dem Herzen durch Elektroden verbunden werden, erlauben bereits mehr als 35000 herzkranken Menschen, ein normales Leben zu führen. Die jetzigen Stimulatoren sind noch unbequem wegen der notwendigen periodischen Auswechslung der Quecksilberbatterien. Isotopenquellen zur Gewinnung der Energie geben viel Wärme ab und entwickeln schädliche Strahlung. Deshalb werden „ewige“ Miniaturquellen zur elektrischen Versorgung der Herzschrittmacher gebraucht. Die in das Herz eingesetzten Silber- und Goldelektroden mit einem Durchmesser von 1,2 mm werden auf Grund der elektrochemischen Korrosion zerstört. Auch Elektroden aus Platin—Iridium-Legierungen halten nur zwei Jahre, dann bildet sich ein Belag auf der positiven Elektrode. Der menschliche Organismus ist

[1]) Vor kurzem erschien eine Mitteilung über die prinzipielle Möglichkeit, Knochen mit Ultraschall zu schweißen. Außerdem sind bei Knochen metallographische Methoden der Strukturuntersuchung vollständig anwendbar.

ein recht aggressives elektrochemisches Medium, wobei auch hier noch nicht alles erkannt ist (z. B. warum sich in Ersatzgefäßen aus Plaste Thromben bilden).

Eine Reihe von Metallen und Legierungen (Tantal, Zirkon, Gold und seine Kupferlegierungen, Platin, Iridium, rostfreier Stahl u. a.) sind mit dem menschlichen Organismus verträglich und reizen das lebende Gewebe nicht. Sie werden als Zahn- und andere Prothesen, als Fäden zum Zusammennähen von Gefäßen, als Stäbe zum Verbinden von Knochen, als Elektroden für Herzschrittmacher usw. verwendet. Es wurden Arbeiten zum Ersatz beschädigter Nerven durch Drahtprothesen aus Tantal, Platin, Gold und Wolfram begonnen und Legierungen für die Chirurgie entwickelt, die sich im Organismus wieder zurückbilden. Zinn wird als ein für den Menschen unschädlicher Metallüberzug für Bleche bei der Herstellung von Konservendosen im großen Maße verwendet. Gußeisen, Aluminiumlegierungen, Bronze und Messing werden zur Herstellung von Geschirr genutzt. Aber die Mehrzahl der Metalle, ihre Oxide und Salze sind für den menschlichen Organismus schädlich. Deshalb ist die Reinheit des Geschirrmaterials von Beimengungen wichtig. Je reiner das Metall, desto höher ist die Qualität der darin zubereiteten Speisen und desto besser bleiben ihre Bestandteile erhalten.

In den nächsten Jahren müssen verschiedene Mechanismen und Anlagen breite Anwendung finden, die auf biologischen Prinzipien basieren, sogenannte biochemische Systeme. Dazu werden neue Werkstoffe gebraucht. Diese Systeme werden in gewisser Weise die Organe des Menschen und der Tiere nachbilden. In bestimmten Fällen werden sie nicht nur durch die Muskeln des Menschen, sondern auch mit Hilfe seiner Bioströme gesteuert werden. Eine besondere Bedeutung müssen die biochemischen Systeme für Arbeiten im Kosmos, unter Wasser und unter der Erde, für die vollständige Automatisierung unterirdischer und gesundheitsschädigender Arbeiten erhalten. Das Knochengewebe des Menschen entspricht in seinen mechanischen Eigenschaften (Fließgrenze der Größenordnung 18 kp mm^{-2}, Zugfestigkeit 28 kp mm^{-2}) gewöhnlichen Leichtmetallegierungen, obwohl unser Skelett den großen Druck der Atmosphäre aushält. Aber außer der Festigkeit und der geringen Masse werden an die Materialien für biochemische Systeme eine Reihe zusätzlicher Forderungen gestellt: Korrosionsbeständigkeit, notwendige technologische Eigenschaften, Ökonomie und andere.

Die Natur hat den Menschen geschaffen und ihn durch natürliche Auswahl vervollkommnet, wobei ihr nur schon vorhandene Materialien zur Verfügung standen. Der Mensch kann mit den Errungenschaften der Physik, Chemie und Metallkunde in bestimmten Grenzen neue Materialien mit gewünschten Eigenschaften konstruieren und entwickeln. Alle diese Produkte wissenschaftlicher Arbeit sollten zum Nutzen des Menschen erprobt und danach in der prophylaktischen und therapeutischen Praxis angewendet werden. Vorerst entsteht der Eindruck, daß fast alle in der Medizin angewandten metallischen Werkstoffe auf empirischem Wege und zufällig von einzelnen Enthusiasten gefunden wurden. Bis jetzt sind die Kontakte zwischen Metallkundlern einerseits und Biologen, Chirurgen und Therapeuten andererseits nur zeitweilig. Mir scheint, wenn wir den menschlichen Körper so kennen und ihm ebensoviel Aufmerksamkeit schenkten wie den Maschinen und Geräten, dann gäbe es viele Krankheiten längst nicht mehr. Der Mensch verdient es gewiß, daß sich Metallforscher mit den Problemen von Biologen und Medizinern beschäftigen (und das sind sehr viele und dringende) und gemeinsam mit ihnen systematische Untersuchungen zur Klärung physikalisch-chemischer Einflußmechanismen und zur wissenschaftlich begründeten Nutzung der Metalle und Legierungen für medizinische Zwecke durchführen. Auf jeden Fall müssen die neuentwickelten Legierungen und besonders die Verbindungen immer wieder auf ihre biologische Wirkung geprüft werden.

Das Metall spielt auch in der Landwirtschaft eine bestimmte Rolle. Eine „landwirtschaftliche" Metallkunde fehlt noch, aber sie muß geschaffen werden. Dabei ist nicht nur der Einsatz der Metalle und Legierungen in landwirtschaftlichen Maschinen gemeint, sondern hauptsächlich ihre Nutzung für erhöhte Erträge landwirtschaftlicher Kulturen. Die bedeutende Rolle bestimmter Metalle (Kobalt, Zink, Kupfer, Lithium, Seltenerdmetalle u. a.) als Spurenelemente ist allgemein bekannt. Bei Borzusatz erhöht sich die Zuckerrübenernte um 37—55 dt/ha. Bei Hülsenfrüchten wie Klee, Luzerne, Erbsen, Wicken, Lupinen und Bohnen dringt Molybdän in die Fermente ein, die als Katalysator bei der Bindung von Luftstickstoff wirken. Geringe Zusätze von Molybdän vergrößern den Ertrag bei Klee um 6—7 dt/ha und bei Bohnen um 3—5 dt/ha. Kupfer steigert den Ertrag von Gerste, Weizen und anderen Kulturen um 3—4 dt/ha. Eine effektive Wirkung von Lanthan und anderen Seltenerdmetallen auf eine Wachstumsbeschleunigung bestimmter landwirtschaftlicher Kulturen ist ebenfalls bekannt. Die Seltenerdmetalle sind stets als Beimengungen in den wichtigsten Arten des Phosphordüngers enthalten: in Apatit (0,7—3,5%), Phosphorit (0,05—0,8%), Knochenmehl ($\approx$ 0,8%) und in Superphosphat. Wenn wir also Phosphordünger verwenden, bringen wir gleichzeitig auch die Seltenerdmetalle in den Boden, von wo aus sie in die Pflanzen und über die Pflanzen in die Organismen von Mensch und Tier gelangen [160—161].

Im Augenblick sind Biologie, Medizin und Landwirtschaft noch keine „Zweige der Metallkunde". Aber in Zukunft werden sich Metallforscher für alles interessieren müssen, was metallische Werkstoffe in irgendeiner Weise betrifft. Sie werden damit dazu beitragen, diese Werkstoffe vollständig zu verstehen und sie rationell und wissenschaftlich fundiert in allen Bereichen der menschlichen Tätigkeit und im Menschen selbst zu nutzen.

12. Schlußfolgerung

Vor Physiko-Chemikern und Metallkundlern stehen viele interessante und wichtige Probleme, ungelöste grundsätzliche theoretische Fragen und neue Entdeckungen. Im Rahmen ihrer Arbeit werden fernerhin die Koordinierung und die Leitung durch verschiedene technische Hilfsmittel und Geräte, hauptsächlich durch automatisierte, größere Bedeutung erlangen. Elektronische Rechenmaschinen werden zu ihrer wesentlichen Stütze. Sie müssen sich gut in der Physik und Chemie nicht nur der Metalle, sondern auch aller festen Körper auskennen, um die Arbeit verstehen und eine rationelle Auswahl verschiedener anorganischer und organischer Materialien in allen möglichen Konstruktionen und Geräten durchführen zu können. Die Ausbildung von Fachleuten dieses Profils verlangt natürlich eine entsprechende Reorganisation der Hochschule und der wissenschaftlichen Forschungsinstitute.

Die moderne Technik, ja die ganze Volkswirtschaft verlangt eine bevorzugte Entwicklung von Forschungs- und Entwicklungsarbeiten zu modernen metallischen Werkstoffen. Die Theorie der Herstellung metallischer Legierungen mit gegebenen Eigenschaften ist energisch voranzutreiben. Angesichts der großartigen vor der physikalischen Chemie der Metalle und der Metallkunde stehenden Aufgaben sind neue wissenschaftlich-organisierte Anstrengungen und Maßnahmen unumgänglich.

Ohne Zweifel wird es die schöpferische Zusammenarbeit der Werktätigen in Wissenschaft und Produktion in den kommenden Jahren erlauben, weitere Erfolge in der Forschung und Anwendung metallischer Werkstoffe in der Volkswirtschaft zu erzielen und den Wert dieser Werkstoffe für den technischen Fortschritt noch zu erhöhen.

13. Literaturverzeichnis[1]

[1] «Исследования по теоретической и прикладной неорганической химии». «Наука», 1971.

[2] *В. И. Кутайцев.* Сплавы урана, тория, плутония. Атомиздат, 1962.

[3] *Е. М. Савицкий, Г. С. Бурханов.* Металловедение тугоплавких металлов и сплавов. «Наука», 1971.

[4] *Е. М. Савицкий, В. В. Барон, Ю. В. Ефимов, М. И. Бычкова, Л. Ф. Мызенкова.* Металловедение сверхпроводящих материалов. «Наука», 1969.

[5] *Е. М. Савицкий, В. Ф. Терехова, И. В. Буров, И. А. Маркова, О. П. Наумкин.* Сплавы редкоземельных металлов. Изд-во АН СССР, 1962.

[6] *Е. М. Савицкий, М. А. Тылкина, К. Б. Поварова.* Сплавы рения. «Наука», 1965.

[7] *Ф. И. Шамрай.* Литий и его сплавы. Изд-во АН СССР, 1952.

[8] *В. Ф. Терехова, Е. М. Савицкий.* Иттрий. «Наука», 1967.

[9] *Ю. В. Ефимов, В. В. Барон, Е. М. Савицкий.* Ванадий и его сплавы. «Наука», 1969.

[10] *В. А. Немилов.* Общая металлография, Изд-во АН СССР, 1947.

[11] *Е. М. Савицкий, В. П. Полякова, М. А. Тылкина.* Сплявы палладия. «Наука», 1967.

[12] *А. А. Бочвар.* Металловедение. Металлургиздат, 1956.

[13] *А. П. Гуляев.* Металловедение, «Металлургия», 1966.

[14] *М. Б. Мальцев, Т. А. Барсукова, Ф. А. Борин,* Металлография промышленных цветных металлов и сплавов. «Металлургия», 1970.

---

[1]) Mit * sind ergänzende Literaturhinweise für den deutschen Leser zum Zwecke weiterführend. Studien bezeichnet, mit** Ergänz. d. Autors (Anm. d. Herausg.)

[15] *И. И. Корнилов*. Никель и его сплавы. Изд-во АН СССР, 1958.
[16] *С. Т. Кишкин*. «Доклады АН СССР», 1954, т. 95, № 4, 789.
[17] Сб. «Сверхчистые металлы». «Металлургия», 1966.
[18] Сб. «Зонная плавка». «Металлургия», 1966.
[19] *Н. С. Курнаков*. «Избранные труды». Изд-во АН СССР, т. 1, 1960; II, 1961.
[20] *Н. В. Агеев*. Химия металлических сплавов. Изд-во АН СССР, 1941.
[21] *Е. М. Савицкий*. «Известия АН СССР, Металлы», 1970, № 2, 49.
[22] *Е. М. Савицкий*. Новые металлические сплавы. «Знание», 1967.
[23] *И. Казанец*. «Неделя», 1967, № 52, стр. 2.
[24] «100 лет периодического закона химических элементов». «Наука», 1971.
[25] *Н. П. Сажин*. Вещества высокой чистоты в науке и технике. «Знание», 1969.
[26] *Н. И. Корнеев*, *С. Б. Певзнер*, *Е. И. Разуваев*, *И. Г. Скугарев*. Обработка давлением тугоплавких металлов и сплавов. «Металлургия», 1967.
[27] «Прокатка металлов и биметаллов в вакууме», «Металлургия», 1968.
[28] *В. Е. Иванов*, *И. И. Папиров*, *Г. Ф. Тихинский*, *В. М. Амоненко*. Чистые и сверхчистые металлы. «Металлургия«, 1965.
[29] *Е. М. Савицкий*. «Физико-химические исследования жаропрочных металлов на основе тугоплавких металлов». — Сб. «Физико-химические исследования жаропрочных сплавов». «Наука», 1968.
[30] «Рост и несовершенства металлических кристаллов». «Наукова думка», 1966.
[31] *Е. М. Савицкий*. «Известия АН СССР, Металлы», 1965, № 5, 3.
[32] «Монокристаллы тугоплавких и редких металлов». «Наука», вып. I, 1969; вып. II, 1971.
[33] *Е. М. Савицкий и др*. «Электронная техника. Материалы, 1970, сер. 14, вып. 1.
[34] *Е. М. Савицкий*. «Вестник АН СССР», 1970, № 7.
[35] J. Gilman. „Transaction ASM", 1966, v. 59, p. 597.

[36] *А. Т. Туманов, Д. А. Петров.* «Наука и жизнь», 1971, № 1.
[37] *Е. М. Савицкий.* «Вестник АН СССР», 1962, № 3, 24.
[37a] *С. В. Вонсовский.* «Физика металлов и металловедение», **14**, 1962, № 3, 321.
[38] «Диаграммы состояния металлических систем». «Наука», 1968.
[39] *Х. Шпенглер.* «Реферативный журнал». Металлургия, 1956, № 4, стр. 78.
[40] *Е. М. Савицкий, И. В. Буров, С. В. Пирогова.* «Доклады АН СССР», 1968, т. 182, № 3, 562.
[41] A. K. Singh, P. K. Sharma. „Physica Status Solidi", 1969, v. 32, p. 209.
[42] T. Aisaka, M. Shimizu. „Journal of the Physical Society of Japan", 1970, v. 28, No. 3, p. 646.
[43] *Е. М. Савицкий, Ю. В. Девингталь, В. Б. Грибуля.* «Доклады АН СССР», 1968, т. 183, № 5, 1110.
[44] *Е. М. Савицкий, Ю. В. Девингталь, В. Б. Грибуля.* «Доклады АН СССР», 1969, т. 185, № 3, 561.
[45] *Е. М. Савицкий, Ю. В. Девингяаль, В. Б. Грибуля.* — Сб. «Проблемы сверхпроводящих материалов». «Наука», 1970.
[46] *Е. М. Савицкий, В. Б. Грибуля, Ю. В. Девингталь.* «Доклады АН СССР», 1968, т. 178, № 1, 79.
[47] *Е. М. Савицкий, В. Б. Грибуля.* «Доклады АН СССР», 1970, т. 190, № 5.
[48] *Е. М. Савицкий, В. Б. Грибуля.* «Известия АН СССР, Неорганические материалы», 1971, т. VII, № 7, 1097.
[49] «Стабильность фаз в металлах и сплавах». «Мир», 1970.
[50] *Е. М. Савицкий, В. В. Барон, Ю. В. Ефимов, М. И. Бычкова, Н. Д. Козлова.* «Доклады АН СССР», 1971, т. 196, № 5, 1145.
[51] *А. А. Абрикосов, Л. Д. Фаддеев, И. М. Халатников.* «Вестник АН СССР», 1968, № 12, 85.
[52] *А. Р. Макинтош.* — Сб. «Квантовая макрофизика». Физматгиз, 1967.
[53] *М. И. Каганов, А. П. Филатов.* Поверхность Ферми. «Знание», 1969.
[53a] W. A. Harrison. „Pseudopotentials in the Theory of Metals", Benjamin, New York 1066.

[54] «Твердые тела под высоким давлением». «Мир», 1966.
[55] *С. Т. Конобеевский*. Действие облучения на материалы. Атомиздат, 1967.
[56] *М. Г. Гоникберг*. Высокие и сверхвысокие давления в химии. «Наука», 1968.
[57] *М. Х. Карапетьянц* «Химия и жизнь», 1970, № 8.
[58] „Science News“, 1969, v. 96, No 15, p. 23.
[59] *Л. Ф. Верещагин*, *А. И. Лихтер*. «Доклады АН СССР», 1952, т. 96, 745.
[60] *И. М. Лифшиц*. «Журнал экспериментальной и теоретической физики», 1966, т. 38, стр. 1569.
[61] W. F. Libby. „Science News“, 1968, v. 93, No 16, 378.
[62] *А. А. Бочвар*, *З. А. Свидерская* «Известия АН СССР, ОТН», 1945, № 9.
[63] *А. П. Гуляев*, *Л. М. Сармапова*. «Металловедение и термическая обработка металлов», 1969, № 7.
[64] *А. А. Пресняков*. Пластичность металлических сплавов. Алма-Ата, «Наука», 1959.
[65] „The Ginies Times“, 1964, No 24773, 14/II, p. 11.
[66] *И. А. Одинг*, *В. С. Иванова*, *В. В. Бурдукский*, *В. Н. Гемиков*, Теория ползучести и длительной прочности металлов. Металлургиздат, 1959.
[67] *С. И. Губкин*. Пластическая деформация металлов. Металлургиздат, 1961.
[68] *Е. М. Савицкий*. Влияние температуры на механические свойства металлов и сплавов. Изд-во АН СССР, 1957.
[69] *В. И. Лихтман*, *Е. Д. Щукин*, *П. А. Ребиндер*. Физико-химическая механика металлов. Изд-во АН СССР, 1962.
[70] Газ. «Чикаго Трибюн», 6 февраля 1966, стр. 66.
[71] *Б. И. Петров*. «Вестник АН СССР», 1970, № 10.
[72] „Aviation Week“, 1969, v. 90, No. 8, p. 16; v. 91, No. 6, p. 24.
[73] „Aviation Week“, 1969, v. 91, No 19, p. 61.
[74] *Б. Б. Кадомцев*. Газ. «Социалистическая индустрия», 13 апреля 1971 г.
[75] *Е. М. Савицкий*. «Вестник АН СССР», 1966, № 11, 46.
[76] «Интерметаллические соединения». «Металлургия», 1970.
[77] *Е. М. Савицкий*. «Металловедение и термическая обработка металлов», 1967, № 7.

[78] Сб. «Металловедение». «Наука», 1971.
[79] A. Nagasawa, K. Kawachi. „Journal of the Physical Society of Japan“, 1971, v. 30, p. 296.
[80] *В. В. Евдокимова.* «Успехи физических наук», 1966, т. 88, вып. 1, 93.
[81] *Б. Я. Любов, В. Т. Цыганенко.* «Металловедение и термическая обработка металлов», 1968, № 2, 2.
[82] O. Diefreich, W. Volher. „Transaction of American Society for Metals“, 1966, v. 59, p. 143.
[83] E. W. Clinard, O. D. Sherby. „Acta Metallurgica“, 1964, v. 12, No 8, p. 911.
[84] *Е. М. Савицкий.* «Доклады АН СССР», 1950, т. 73, № 5.
[85] *А. Н. Вольский, Я. М. Стерлин.* Металлургия плутония. «Наука», 1967.
[86] *Г. Сиборг.* Искусственные трансурановые элементы. Атомиздат, 1963.
[87] *В. И. Кузнецов.* Синтез элементов. «Знание», 1971.
[88] E. Gebhardt, H.-D. Seghezzi. „Reaktorwerkstoffe“, Teil 1, Metallische Werkstoffe, Teubner, Stuttgart 1964.
[89] *А. С. Займовский, В. В. Калашников, И. С. Головнин.* Тепловыделяющие элементы атомных реакторов. Атомиздат, 1966.
[90] *Е. М. Савицкий.* Редкие металлы и сплавы. М., 1959.
[91] K. S. Jepson, C. A. Stubbington. „Metals and Materials“ 1969, v. 3, No 4, p. 115.
[92] «Металловедение и термообработка металлов», 1968, № 7.
[93] V. K. Chandhok, A. Kasak. „Metal Progress“, 1967, v. 91, No 1, 108.
[94] F. W. Clinard, O. D. Sherby. „Acta metallurgica“, 1964, v. 12, No 8, p. 911.
[95] A. Scott. „Engineering“, 1970, v. 209, p. 163.
[96] *М. Ростарчук.* Морские рудники. «Известия», 5 сентября 1969 г.
[97] *А. П. Виноградов.* «Вестник АН СССР», 1970, № 1, 38.
[98] *Е. М. Савицкий, В. Ф. Терехова и др.* «Известия АН СССР, Неорганические материалы», 1965, т. 1, № 10, 1648.
[99] K. A. Gschneidner. „Rare Earth Alloys“, Van Nostrand, Princeton 1961.

[100] F. H. Snedding, A. H. Daane. „The Rare Earths“, Wiley, New York 1961.

[101] F. H. Spedding, B. J. Beandry, J. J. Croat, P. E. Palmes. The preparation and properties of „ultrapure“ metals. „Ames Laboratory Atomic Energy Comission, Iowa State University“, Ames, Iowa, USA, 1969.

[102] *Е. М. Савицкий.* «Известия АН СССР, Металлургия и топливо». 1960, № 5, 52.

[103] «Вопросы теории и применения редкоземельных металлов». «Наука», 1964.

[104] P. Elliot, T. K. Ross. „Werkstoffe und Korrosion“, **22**, 1971, 531–540.

[105] *А. М. Гуревич.* Газ. «Социалистическая индустрия», 18 сентября 1969 г.

[106] Сб. докладов на VI Всесоюзном совещании по физико-химии и применению редкоземельнщх элементов, их соединений и сплавов. «Наука», 1971.

[107] K. J. Strnat. „Cobalt“ 1967, No. 36, 119.

[108] K. H. J. Buschow, W. A. J. J. Velge. „Zeitschrift für angewandte Physik“, **26**, 1969, Heft 2, S. 157.

[109] «Рений в новой технике». «Наука», 1970.

[110] *Е. М. Савицкий.* «Металловедение и термическая обработка металлов», 1967, № 10, 12.

[111] *В. И. Дабаткин и др.* Слитки титановых сплавов. «Металлургия», 1966.

[112] «Новые исследования титановых сплавов (под ред. И. И. Корнилова). Труды VI конференции по титану» «Наука», 1965.

[113] «Известия», 3 зентября 1969 г.

[114] *В. С. Иванова и др.* Роль дислокаций в упрочении и разрушении металлов. «Наука», 1965.

[115] *К. А. Осипов.* Вопросы теории жаропрочности металлов и сплавов. Изд-во АН СССР, 1960.

[116] *И. И. Корнилов.* Физико-химическая теория жаропрочности сплавов. Изд-во АН СССР, 1961.

[117] *В. И. Трефилов.* «Механизмы разрушения металлов». К., «Наукова думка», 1966.

[118] «Металловедение и термическая обработка металлов», 1964, № 11, стр. 2–35.

[119] *Е. М. Савицкий, О. Б. Дашевская.* «Известия АН СССР, Металлы», 1967, № 3, 152.

[120] «Структура и свойства жаропрочных металлических материалов». «Наука», 1967.
[121] *И. Д. Томашов.* «Защита металлов», **3**, 1967, № 1, 3.
[122] «Экспресс-информация. Металловедение и термообработка». «ВИНИТИ», 1964, № 1, стр. 1.
[123] *Е. М. Савицкий, Г. С. Бурханов, Н. Н. Раскатов, Т. В. Тетюева.* «Доклады АН СССР», 1970, т. 195, № 2, 329.
[124] *А. М. Захаров, Е. М. Савицкий.* «Доклады АН СССР», 1967, т. 177, № 6, 1397.
[125] *Е. М. Савицкий и др.* «Электронная техника», 1971, сер. 1, вып. 2.
[126] *Н. Н. Моргунарова.* «Металловедение и термическая обработка металлов», 1968, № 1, 21.
[127] *В. С. Иванова.* «Металловедение и термическая обработка металлов», 1969, № 5,32.
[128] *Е. М. Савицкий, Б. П. Михайлов, В. В. Барон.* «Доклады АН СССР», 1969, т. 189, № 6, 1226.
[129] „Design News", 1969, v. 24, No. 4, p. 28.
[130] „New Scientist", 1969, v. 42, No. 644, p. 74.
[131] „New Scientist", 1969, v. 42, No. 25, p. 600.
[132] *А. И. Целиков.* Прокатные станы. Металлургиздат, 1947.
[132a] *А. И. Целиков, А. И. Гришков.* Теория прокатки. «Металлургия», 1970.
[133] *И. М. Павлов.* Теория прокатки. Металлургиздат, 1950.
[134] *С. И. Губкин.* Деформируемость металлов Металлургиздат, 1953.
[135] *Л. В. Прозоров.* Прессование сталей и тугоплавких сплавов. «Машиностроение», 1969.
[136] *Н. Н. Рыкалин, А. А. Углов.* «Доклады АН СССР», **165**, 1965, № 1, 319.
[137] Сб. «Тугоплавкие металлы и сплавые». «Металлургия», 1968, вып. 2.
[138] *Е. М. Савицкий, И. В. Буров.* «Журнал теоретической физики», 1969, т. 39, № 4.
[139] *Е. М. Савицкий, Г. Л. Царев.* «Вестник АН БССР», 1965, № 2, 84.
[140] *А. А. Пресняков.* Природа провалов платичности у металлических сплавов. Алма-Ата, «Наука», 1970.

[141] *Е. М. Савицкий, Н. И. Новохатская.* Сб. Монокристаллы тугоплавких и редких металлов. «Наука», 1969.

[142] Сб. «Монокристаллы тугоплавких и редких металлов». «Наука», 1971.

[143] *Е. М. Савицкий, И. В. Буров, Л. Н. Литвак.* Сб. Теоретические и экспериментальные методы исследования диаграмм состояния металлических систем. «Наука», 1969.

[144] *С. А. Векшинский.* Новый метод металлографического исследования сплавов. Гостехиздат, 1948.

[145] *Е. М. Савицкий, О. С. Иванов.* Способ получения металлических сплавов переменного состава. Авторское свидетельство № 69302 с приоритетом от 20.03.44.

[146] *Е. М. Савицкий, В. В. Барон, С. Д. Гиндина.* «Доклады АН СССР», 1970, т. 191, № 2, 338.

[147] „Mechanical Engineering", 1969, v. 91, No. 6, 51.

[148] „New Scientist", 1966, v. 31, No 512, p. 566.

[149] *Н. Е. Алексеевский, Н. В. Агеев, В. Ф. Шамрай.* ЖЭТФ, 1969, т. 9, № 1, 28.

[150] *В. Л. Гинзбург.* «Успехи физических наук», 1968, т. 95, вып. 1, 91.

[151] N. W. Ashcroft. „Physical Review Letters", 1968, v. 21, No. 26, p. 1748.

[152] *Н. Б. Брандт, В. Л. Гинзбург.* «Успехи физических наук», 1969, т. 98, вып. 1, 95

[153] *Е. М. Савицкий,* «Журнал неорганической химии», 1967, № 3, 1721.

[154] «Technica», 1969, v. 18, No 20, p. 1943.

[155] «Проблемы сверхпроводящих материалов», «Наука», 1970.

[156] Сб. «Тезисы докладов на совещании по химии, анализу и технологии благородных металлов». Новосибирск, 1959.

[157] *А. П. Виноградов.* Геохимия редких и рассеянных химических элементов в почвах. Изд-во АН СССР, 1957.

[158] *Б. В. Петровский.* «Вестник АН СССР», 1970, № 10.

[159] *В. П. Торбенко, Б. С. Касавина.* «Природа», 1970, № 12, 26.

[159a] J. H. Westbrook. Materials for Tomorrow. Schenectady, April, 1969.

[160] *Л. А. Драбков.* Микроэлементы и естественные радиоактивные элементы в жизни животных и растений. Изд-во АН СССР, 1958.
[161] *Н. В. Пейве.* «Правда», 10 октября 1970г.
[162*] A. LUFT, J. RICHTER, W. REITZENSTEIN, P. FINKE, in: Reinststoffe in Wissenschaft und Technik, Akademie-Verlag Berlin 1972, S. 285.
[163*] G. E. R. SCHULZE, Metallphysik, Akademie-Verlag Berlin 1974, Springer-Verlag Wien 1974.
[164*] P. HAASEN. Physikalische Metallkunde, Springer-Verlag Berlin 1974.
[165*] H. TAS, L. DELAEY, A. DERUYTTERE. J. Less-Common Metals 28 (1972) 141.
[166*] W. SCHATT, Herausg., Einführung in die Werkstoffwissenschaft, 2. Aufl., VEB Deutscher Verlag für Grundstoffindustrie Leipzig 1973.
[167*] Tagungsberichte von Metalltagungen, durchgeführt von der Deutschen Akademie der Wissenschaften zu Berlin: a) Ordnungsvorgänge in Legierungen, 1962, b) Ausscheidungsvorgänge in Legierungen, 1964, c) Grundlagen des Festigkeitsverhaltens von Metallen, 1965, d) Rekristallisation metallischer Werkstoffe, 1966, e) Magnetismus, 1967, f) Kristallisation, 1969, g) Diffusion in metallischen Werkstoffen, 1970, h) Elektronenstruktur von Metallen, 1971, i) Phasenumwandlungen im festen Zustand, 1973, j) Magnetische Eigenschaften von Festkörpern, 1975, k) Intermetallische Phasen, 1977; a)—c) erschienen im Akademie-Verlag Berlin, d)—k) im VEB Deutscher Verlag für Grundstoffindustrie Leipzig.
[168*] J. M. ZIMAN, Prinzipien der Festkörpertheorie, Akademie-Verlag Berlin 1974.
[169*] W. BUCKEL, Supraleitung, Akademie-Verlag Berlin 1973.
[170*] G. E. R. SCHULZE, Beiträge zur Entwicklung der Metallphysik, Akademie-Verlag Berlin 1977.
[171*] A. A. SMIRNOW, Metallphysik, Akademie-Verlag Berlin 1974.
[172*] P. TÄUBERT, Metallphysik, B. G. Teubner Verlagsgesellschaft Leipzig 1963.
[173*] H. SCHUMANN, Metallographie, VEB Deutscher Verlag für Grundstoffindustrie Leipzig 1969.
[174*] U. DEHLINGER, Theoretische Metallkunde, 2. Aufl. Springer-Verlag Berlin 1968.

[175*] H.-J. ECKSTEIN. Werkstoffkunde, Stahl und Eisen, VEB Deutscher Verlag für Grundstoffindustrie Leipzig 1973.

[176*] Metallphysik, herausg. v. Verein Deutscher Eisenhüttenleute, Verlag Stahleisen, Düsseldorf 1967.

[177*] F. EISENKOLB, Einführung in die Werkstoffkunde, Bd. 1—4, VEB Verlag Technik Berlin ff. 5791

[178*] M. BALARIN, Herausg., Festkörperphysik, Akademie-Verlag Berlin 1977.

Zusatzliteratur des Autors für die deutsche Ausgabe

[1**] Сборник «Сплавы редких металлов с особыми физическими свойствами», Изд-во «Наука», 1974, 1975, 1976.

[2**] Сборник, «Редкоземельные металлы, сплавы и соединения», Изд-во «Наука», 1973.

[3**] Сборник, «Физикохимия редких металлов», Изд-во «Наука», 1972.

[4**] *Е. М. Савицкий, В. С. Клячко.* «Металлы космической эры», Изд-во «Советская Россия», 1972.

[5**] *Е. М. Савицкий, Г. С. Бурханов.* Монокристаллы тугоплавких и редких металлов. Изд-во «Наука», 1972.

[6**] *Е. М. Савицкий.* Металловедение в Академии Наук. Известия Академии Наук СССР, Металлы, 1974, № 3, стр. 17.

[7**] *Е. М. Савицкий, В. Ф. Терехова.* Металловедение редкоземельных металлов. Изд-во «Наука», 1975.

[8**] *Е. М. Савицкий, В. П. Полякова, Н. Б. Горина, Н. Р. Роман.* Металловедение платиновых металлов. Изд-во «Металлургия», 1975.

[9**] *Е. М. Савицкий, Ю. В. Ефимов, Н. Д. Козлова, Б. П. Михайлов, Л. Ф. Мызенкова, Е. Д. Дороонькин.* Сверхпроводящие материалы. Изд-во «Металлургия», 1976.

[10**] Vorträge des 4. Reinststoffsymposiums, Oktober 1975 in Dresden, Akademie-Verlag Berlin.

[11**] Intermetallische Phasen, Verlag für Grundstoffindustrie 1977, Leipzig.

14. Sachverzeichnis

Der Autor

- behandelt einen breiten Kreis aktueller Fragen der modernen Metallforschung, von den Grundlagen bis zur Anwendung

- weist auf zahlreiche bislang unerschlossene Reserven an hervorragenden Eigenschaften metallischer Werkstoffe hin

- beschäftigt sich mit der Zukunft der Metalle etwa bis zum Jahre 2000

- wendet sich an Studenten technischer Hoch- und Fachschulen sowie an alle in der Metallforschung und -entwicklung tätigen Ingenieure und Naturwissenschaftler

WISSENSCHAFTLICHE TASCHENBÜCHER